新型职业农民培育系列教材

U0340912

设施蔬菜
规模生产与经营

◎ 胥付生　赵胜超　淡育红　主编

中国农业科学技术出版社

图书在版编目（CIP）数据

设施蔬菜规模生产与经营／胥付生，赵胜超，淡育红主编.—北京：中国农业科学技术出版社，2016.5
ISBN 978－7－5116－2592－2

Ⅰ.①设…　Ⅱ.①胥…②赵…③淡…　Ⅲ.①蔬菜园艺－设施农业
Ⅳ.①S626

中国版本图书馆 CIP 数据核字（2016）第 089019 号

责任编辑	白姗姗
责任校对	李向荣

出 版 者	中国农业科学技术出版社
	北京市中关村南大街 12 号　邮编：100081
电　　话	(010)82106638(编辑室)　(010)82109702(发行部)
	(010)82109709(读者服务部)
传　　真	(010)82106650
网　　址	http://www.castp.cn
经 销 者	各地新华书店
印 刷 者	北京富泰印刷有限责任公司
开　　本	850mm×1 168mm　1/32
印　　张	9.125
字　　数	229 千字
版　　次	2016 年 5 月第 1 版　2016 年 5 月第 1 次印刷
定　　价	33.90 元

《设施蔬菜规模生产与经营》
编 委 会

前　言

20 世纪 60 年代末，我国北方才初步形成了由简单覆盖、风障等构成的保护地生产技术体系。70 年代，推广地膜覆盖技术，对保温、保水、保肥起到了很大作用。80 年代，以日光温室、塑料大棚为代表的设施园艺取得长足进步。设施蔬菜未来将向精准化、轻简化、高效化、生态化方向发展，亦即利用物联网技术精确控制棚室内环境及肥水灌溉量实现精准化；利用设施专用机械、专用卡具等省工设备减少劳动用工实现轻简化；利用高效生产技术提高单位面积产量，改善蔬菜产品品质，增加农民受益程度实现高效化；利用上述综合技术减少农药、化肥用量，实现生态化。

本书全面、系统地介绍了设施蔬菜的知识，内容包括：我国设施蔬菜产业的概述、蔬菜生产设施、机械装备、覆盖材料、设施蔬菜生产茬口安排、设施蔬菜生产技术、设施茄果类蔬菜生产技术、设施瓜类蔬菜生产技术、设施豆类蔬菜生产技术、设施根类及薯芋类蔬菜生产技术、设施葱蒜类蔬菜生产技术、设施绿叶类蔬菜生产技术、设施白菜类蔬菜生产技术、其他设施蔬菜生产技术、设施蔬菜的经营与管理等。

本书围绕大力培育新型职业农民，以满足职业农民朋友生产中的需求。重点介绍了主要设施蔬菜的成熟技术以及新型职业农民必备的基础知识。书中语言通俗易懂，技术深入浅出，实用性强，适合广大新型职业农民、基层农技人员学习参考。

编　者
2016 年 4 月

目　　录

模块一 我国设施蔬菜产业的概述

第一节 设施蔬菜概念

一、设施蔬菜的概念

设施蔬菜学是研究设备、环境条件与蔬菜作物生长的需要三者之间复杂关系的一门学科。设施生产和露地生产是蔬菜生产的两种方式。所谓设施生产是指在不适宜蔬菜作物生长发育的寒冷或炎热季节,利用专门的保温、防寒、降温、防雨设施、设备,人为创造适宜蔬菜作物生长发育的小气候条件进行生产。其栽培的目的是在冬春严寒季节或盛夏高温多雨季节提供新鲜蔬菜产品上市,以季节差价来获得较高的经济效益。因此,又称为"不时栽培""反季节栽培"或"保护地栽培"。

二、设施蔬菜生产的意义

(一)保证了蔬菜周年的供应

设施蔬菜栽培能在不适宜蔬菜生长季节内利用一些专门的材料与设备,人为地创造适合蔬菜生长发育的小气候条件进行生产,增加了蔬菜上市的时间和品种,从根本上解决了南北各地蔬菜生产淡季鲜菜供应紧张的局面,真正做到了"周年生产,均衡供应",对增进人民身体健康,提高人民生活水平具有重要意义。同时,蔬菜设施生产,提高了土地的利用率和产出率,安置了农闲期间的闲散劳动力,增加了农民收入,是实现农业增效、农民增收的一条重要途径。

(二)提高了单位面积产量和品质

设施生产的蔬菜产量比露地栽培要高一倍以上。如设施黄瓜的平均亩产可达 7 000kg 以上(1 亩 ≈ 667m^2；15 亩 = 1hm^2。全书同)，高的可达到 2 万 kg，最高产可达 4.2 万 kg；设施番茄平均亩产约 5 000kg。

三、设施蔬菜的栽培类型

设施蔬菜的栽培是在不适宜蔬菜生长的季节，利用各种设施为蔬菜生产创造适宜的环境条件，从而达到周年供应的栽培形式。常见的设施生产类型主要有风障、阳畦、地膜覆盖、塑料小棚、塑料中棚、塑料大棚、日光温室等。

第二节 设施蔬菜在蔬菜产业中的地位

一、改善蔬菜供应状况，提高人们生活质量

20 世纪 80 年代，随着塑料棚的迅猛发展，实现了早春和晚秋蔬菜供应的基本好转；90 年代，随着节能日光温室和遮阳网覆盖栽培的迅速推广发展，形成了周年系列化设施生产体系，冬春和夏秋两个淡季设施可为市场提供十余类数十个品种的蔬菜供应。据统计，2008 年我国设施蔬菜总播种面积为 334.7 万 hm^2，瓜菜产量 2.47 亿 t，占当年瓜类蔬菜总产量的 36.84%；设施瓜类蔬菜的人均占有量由 81.7kg 增加到 185.7kg。同时，随着交通运输状况的改善和全国鲜活农产品"绿色通道"的开通，华南、长江上中游冬春蔬菜基地和黄土高原、云贵高原夏秋蔬菜也为解决冬春和夏秋淡季蔬菜做出了重要贡献，我国蔬菜基本实现了周年均衡供应。

就人们的食物结构而言，"宁可三日无荤，不可一日无菜"。

蔬菜不仅能为人们提供一定的碳水化合物、蛋白质和脂肪，更是维持人体健康所必需的维生素等生理活性物质、矿物营养和食用纤维不可替代的来源，优质、安全、多样的蔬菜供应，满足了城乡居民多层次的消费需求。同时，随着全面建设小康社会的推进，广大人民对蔬菜质量安全和休闲采摘的要求越来越高，创建城郊型现代化蔬菜观光采摘园区，是保证人类身心健康，提高生活质量的客观要求，也是各级政府、蔬菜科技工作者和生产经营者的共同责任。

设施蔬菜产业的发展，对提高农民收入、发展农村经济、保障蔬菜安全供应以及农业可持续发展，发挥着重要作用。

二、提升蔬菜产业地位

设施蔬菜产业的技术装备水平、集约化程度、科技含量、比较效益均较高。抽样调查分析显示，设施蔬菜生产每亩综合平均产值 13 485.47 元，每亩净产值 10 456.12 元，比露地蔬菜生产高 3～5 倍，投入产出比达到 1∶4.45。2008 年，全国设施蔬菜播种面积 334.7 万 hm^2，产量 2.47 亿 t，产值 6 769.71 亿元，净产值 5 248.98 亿元，用 22% 的播种面积，创造了 36.84% 的产量、63.10% 的产值、61.54% 的净产值。设施蔬菜的产值相当于种植业的 24.14%、牧业的 32.89%、渔业的 1.3 倍、林业的 3.14 倍。

三、拓展蔬菜的产业功能

蔬菜产业是都市型农业发展的类型，而传统农业受自然条件的影响较大，基本上是靠天吃饭。发展都市型现代农业，一方面要进行农业结构调整，促使农业的多功能性（生产功能、生态功能、文化功能）得到发挥；另一方面要优化配置农业资源，提高农业的综合效益和现代化水平。通过发展设施蔬菜，既提高了蔬菜的综合生产能力和农民的收入水平，又提高了都市型农业的现代化水平。蔬菜作物的特性决定了蔬菜产业有助于促进大城市郊区观光农业的发展。以北京为例,到2008年年底,实际经营的农业观光园为1 332个,观光园总收入13.58亿元,比2007年增长3.3%,民俗旅游接待户9 151户,与2007年相比有所下降,但民俗旅游总收入为5.29亿元,比2007年增长6.8%。可见,设施蔬菜与农村观光休闲、采摘体验、旅游农业密切相关,为蔬菜产业的进一步发展提供了契机。

模块二 蔬菜生产设施、机械装备、覆盖材料

第一节 蔬菜主要生产设施

一、日光温室

日光温室通常坐北朝南,东西延长,东、西、北三面筑墙,设有不透明的后屋面,前屋面通常用塑料薄膜覆盖作为采光面。

从建材上又可分为钢筋水泥砖石结构温室、竹木结构温室、水泥结构温室和铜竹混合结构温室。决定温室性能的关键在于采光和保温,采用什么建造材料则主要由经济条件和生产效益决定。

(一)日光温室建筑设计

1. 温室方位

日光温室要尽量减少后墙遮阳。一般应坐北朝南,但对高纬度(40°N以北)和晨雾大、气温低的地区,冬季日光温室不能日出即揭帘受光,这样方位可适当偏西。偏离角应根据当地纬度和揭帘时间确定,一般不宜大于10°。温室方位的确定还应考虑当地冬季主导风向,避免强风吹袭前屋面,影响前屋面保温被的覆盖保温。

2. 温室间距

温室间距的确定应以前栋不影响后栋采光为前提。丘陵地

区可采用阶梯式建造,平原地区应保证冬至日上午 10:00 阳光能照射到温室的前沿,即使在土地资源非常宝贵的地区,也应保证冬至日中午阳光能照射到温室的前防寒沟。

3. 温室总体尺寸

温室的具体尺寸主要指剖面尺寸。一般根据温室的跨度和高度,组成标准温室,而后墙高度和后坡仰角应根据操作空间要求和当地气候条件确定。有关温室总体尺寸的确定将在后面加以介绍。为便于操作,温室长度不宜大于 100m,温室面积以小于 1 亩为宜。

(二)温室构造

(1)温室南侧或周围应设置防寒沟,沟深度一般应为 0.5m,宽度宜为 0.3~0.5m,内填保温材料。保温材料热阻应接近或达到后墙热阻,并应保持干燥,防水防潮。防寒沟可设在温室内、外,但室内效果更佳。

(2)冬季以北风或偏北风为主导风向的地区,温室北侧应设置防风障。

(3)为了方便操作,温室前屋面骨架在距温室前沿 0.5m 水平距离处的高度不应低于 0.7m,0.7~0.8m 较适宜。

(4)为适应目前草苫子的规格和便于压膜线固膜,温室骨架间距应在 0.6~1.2m,推荐间距为 0.75~1.0m。

(5)山墙上应设置能上人的台阶,高于 2m 的山墙和后墙应设安全防护栏,栏高不低于 0.9m。

(6)日光温室后屋面投影宽度与跨度之比应在 0.13~0.25 范围内,日光温室后屋面仰角不应小于 25°,也不宜大于 45°。

二、塑料薄膜拱棚

塑料薄膜拱棚主要指拱圆形或半拱圆形的塑料薄膜覆盖棚,简称为塑料拱棚。按棚的高度和跨度不同,一般分为塑料小拱棚(简称塑料小棚)、塑料中拱棚(简称塑料中棚)和塑料大拱棚(简称塑料大棚)3 种类型。

（一）塑料小拱棚

塑料小拱棚用细竹竿、竹片等弯曲成拱，一般棚高低于
1.5m，跨度 3m 以下，棚内有立柱或无立柱。

1. 塑料小拱棚的类型

依结构不同，一般将塑料小拱棚划分为拱圆棚、半拱圆棚、风
障棚和双斜面棚 4 种类型（图 2-1）。其中，以拱圆棚应用最为普
遍，双斜面棚应用相对比较少。

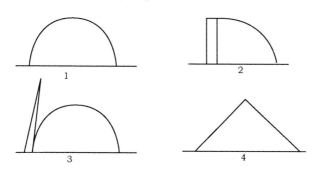

图 2-1　塑料小拱棚的主要类型

1. 拱圆棚；2. 半拱圆棚；3. 风障棚；4. 双斜面棚

2. 塑料小拱棚的生产应用

塑料小拱棚的空间低矮，不适合栽培高架蔬菜，生产上主要
用于蔬菜育苗、矮生蔬菜保护栽培以及高架蔬菜低温期保护定
植等。

（二）塑料中拱棚

塑料中拱棚是指棚顶高度 1.5～1.8m，跨度 3～6m 的中型塑
料拱棚。塑料中拱棚的棚体大小和结构的复杂程度以及环境特
点等均介于塑料小拱棚和大拱棚之间，可参考塑料大、小拱棚。

塑料中拱棚易于建造，建棚费用比较低，但栽培空间较小，不
利于实行机械化生产，应用规模不大。目前，塑料中拱棚主要用
于温室和塑料大拱棚欠发达地区，进行临时性、低成本的蔬菜保

护地栽培。

(三)塑料大拱棚

简称塑料大棚,是棚体顶高 1.8m 以上,跨度 6m 以上的大型塑料拱棚的总称。

1. 塑料大拱棚的基本结构

塑料大拱棚主要由立柱、拱架、拉杆、棚膜和压杆 5 部分组成(图 2-2)。

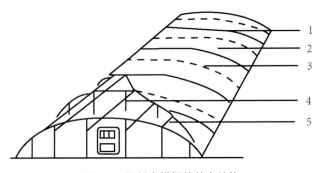

图 2-2 塑料大拱棚的基本结构

1. 压杆;2. 棚膜;3. 拱架;4. 立柱;5. 拉杆

(1)立柱。立柱的主要作用是稳固拱架,防止拱架上下浮动以及变形。在竹拱结构的大棚中,立柱还兼有拱架造型的作用。立柱材料主要有水泥预制柱、竹竿、钢架等。

竹拱结构塑料大拱棚中的立柱数量比较多,一般立柱间距 2~3m,密度比较大,地面光照分布不均匀,也妨碍棚内作业。钢架结构塑料大拱棚内的立柱数量比较少,一般只有边柱甚至无立柱。

(2)拱架。拱架的主要作用,一是大棚的棚面造型,二是支撑棚膜。拱架的主要材料有竹竿、钢梁、钢管、硬质塑料管等。

(3)拉杆。拉杆的主要作用是纵向将每一排立柱连成一体,与拱架一起将整个大棚的立柱纵横连在一起,使整个大棚形成一个稳固的整体。竹竿结构大棚的拉杆通常固定在立柱的上部,距离顶端 20~30cm 处,钢架结构大棚的拉杆一般直接固定在拱架上。拉杆的主要材料有竹竿、钢梁、钢管等。

(4)塑料薄膜。塑料薄膜的主要作用:一是低温期使大棚内增温和保持大棚内的温度;二是雨季防雨水进入大棚内,进行防雨栽培。

(5)压杆。压杆的主要作用是固定棚膜,使棚膜绷紧。压杆的主要材料有竹竿、大棚专用压膜线、粗铁丝以及尼龙绳等。

2. 塑料大拱棚的类型

(1)竹拱结构大棚。该类大棚用横截面(8~12)cm×(8~12)cm 的水泥预制柱作立柱,用径粗 5cm 以上的粗竹竿作拱架,建造成本比较低,是目前农村中应用最普遍的一类塑料大拱棚。

该类大拱棚的主要缺点:一是竹竿拱架的使用寿命短,需要定期更换拱架;二是棚内的立柱数量比较多,地面光照不良,也不利于棚内的整地作畦和机械化管理。为减少棚内立柱的数量,该类大棚多采取"二拱一柱式"结构,也叫"悬梁吊柱式"结构(图2-3)。

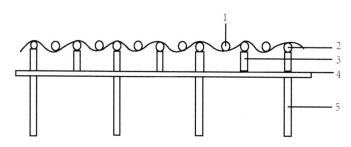

图 2-3 塑料大拱棚"二拱一柱式"结构形式
1. 压杆;2. 拱杆;3. 小立柱(吊柱);4. 拉杆;5. 立柱

(2)钢拱结构大棚。该类大棚主要使用 Ø8~16mm 的圆钢以及 1.27cm 或 2.54cm 的钢管等加工成双弦拱圆形钢梁拱架

（图 2-4）。

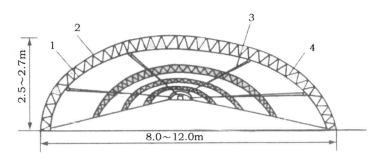

图 2-4　钢架结构塑料大棚

1. 下弦；2. 上弦；3. 纵拉杆；4. 拉花

为节省钢材，一般钢梁的上弦用规格稍大的圆钢或钢管，下弦用规格小一些的圆钢或钢管。上、下弦之间距离 20~30cm，中间用 Ø8~10mm 的圆钢连接。钢梁多加工成平面梁，钢材规格偏小或大棚跨度比较大，单拱负荷较重时，应加工成三角形梁。

除拱形钢架外，也有一些塑料大棚选用角钢、小号扁钢、槽钢以及圆钢等加工成屋脊型钢梁作拱架。由于屋脊型拱架的覆膜质量相对较差，也不适合建造大跨度大棚等原因，目前应用的比较小。

钢梁拱架间距一般 1~1.5m，架间用 Ø10~14mm 的圆钢相互连接。钢拱结构大棚的结构比较牢固，使用寿命长，并且棚内无立柱或少立柱，环境优良，也便于在棚架上安装自动化管理设备，是现代塑料大拱棚的发展方向。该类大棚的主要缺点是建造成本比较高，设计和建造要求也比较严格，另外，钢架本身对塑料薄膜也容易造成损坏，缩短薄膜的使用寿命。

（3）管材组装结构大棚。该类大棚采用一定规格［（25~32）mm×（1.2~1.5）mm］的薄壁热镀锌钢管，并用相应的配件，按照组装说明进行连接或固定而成（图 2-5）。

管材组装结构大棚的棚架由相应厂家生产，结构设计比较合

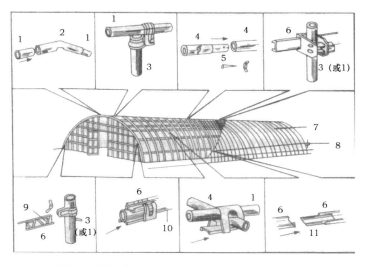

图 2-5　管材装配式塑料大棚主要构件的装配示意

1. 拱杆;2. 拱杆接头;3. 立柱;4. 纵向拉杆;5. 拉杆接头;6. 卡槽;7. 压膜线;8. 卷帘器;9. 弹簧;10. 棚头拱杆;11. 卡槽接头

理,规格多种,易于选择,也易于搬运和安装,是未来大棚的发展主流。

（4）塑料纤维增强水泥骨架结构大棚。也称为 PRC 大棚。该结构大棚是将一定长度的塑料纤维均匀分布在水泥浆、混凝土基材中,用以增强基材的物理性能,如提高抗弯、抗拉强度,提高抗冲击性能,保持裂纹后构件的整体性和降低自重等。塑料纤维具有极强的抗酸、抗碱、耐化学腐蚀的性能,故能与当地生产的普通水泥相匹配,加之塑料纤维价格大大低于抗碱玻璃纤维,故 PRC 制品的成本远比 GRC 低,可广泛替代 GRC,特别是在缺乏硫铝酸盐型水泥和缺乏抗碱玻璃纤维地区,发展前景较好。

（5）玻璃纤维增强水泥骨架结构大棚。也叫 GRC 大棚。该大棚的拱杆由钢筋、玻璃纤维、增强水泥、石子等材料预制而成。一般先按同一模具预制成多个拱架构件,每一构件为完整拱架长度的一半,构件的上端留有两个固定孔。安装时,两根预制的构件下端埋入地里,上端对齐、对正后,用两块带孔厚铁板从两侧夹住接头,将 4 枚螺丝穿过固定孔固定紧后,构成一完整的拱架(图2-6)。拱架间纵向用粗铁丝、钢筋、角钢或钢管等连成一体。

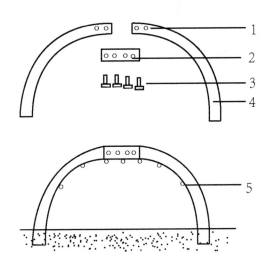

图 2-6　玻璃纤维增强水泥骨架结构大棚

1. 固定孔;2. 连接板;3. 螺栓;4. 拱架构件;5. 拉杆

(6)混合拱架结构大棚。大棚的拱架一般以钢架为主,钢架间距 2~3m,在钢梁上纵向固定 Ø6~8mm 的圆钢。钢架间采取悬梁吊柱结构或无立柱结构形式,安放 1~2 根粗竹竿为副拱架,通常建成无立柱或少立柱式结构(图 2-7)。

混合拱架结构大棚为竹拱结构大棚和钢拱结构大棚的中间类型,栽培环境优于前者但不及后者。由于该类大棚的建造费用相对较低,抵抗自然灾害的能力增强,以及栽培环境改善比较明显等原因,较受广大菜农的欢迎。

(7)琴弦式结构大棚。该类大棚用钢梁、增强水泥拱架或粗竹竿等作主拱架,拱架间距 3m 左右。在主拱架上间隔 20~30cm纵向拉大棚专用防锈钢丝或粗铁丝,钢丝的两端固定到棚头的地

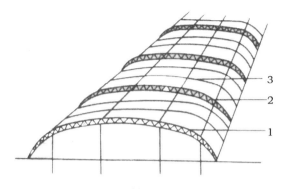

图 2-7　混合拱架结构塑料大棚

1. 钢拱架;2. 拉杆;3. 竹竿

锚上。在拉紧的钢丝上,按 50～60cm 间距固定径粗 3cm 左右的细竹竿来支撑棚膜。

依据主拱架的强度大小以及大棚的跨度大小等不同,一般建成无立柱式大棚或少立柱式大棚,目前,以少立柱式大棚为主。

琴弦式结构塑料大棚的主要优点是拱架遮阳少,棚内光照好;棚架重量较轻,棚内立柱的用量减少,方便管理;容易施工建造,建棚成本也比较低。其主要缺点是大棚建造比较麻烦,钢丝对棚膜的磨损也比较严重,棚膜拉不紧时,雨季棚面排水不良,容易积水。

3. 生产应用

塑料大拱棚的棚体高大,不便于从外部覆盖草苫保温,保温能力比较差,北方地区较少用来育苗,主要用来栽培果菜类以及其他一些效益较好的蔬菜。栽培茬口主要有春季早熟栽培、秋季延迟栽培和春到秋高产栽培 3 种。

第二节 育苗设施

一、电热线铺设

电热温床应根据电热线的功率和长度设计建造,温床一般宽1.2m,深25cm,长10~15cm。电热线育苗要求每平方米苗床使用的功率为60~80W,电热线最好与控温仪配合使用,实现苗床温度的自动控制。铺线时先将苗床底部整平,铺一层隔热材料(如稻草等),厚约10cm,再铺干土或炉渣3cm,耙平踩实后,再铺电热线。为了使电热线两端(+ – 极)处于同一端,布线行数应取偶数。电热线间的距离一般为10cm,不能小于3cm,实际应用时,温床两边散热多,布线宜密些;中间散热少,易保温,布线宜稀些。电热线两端固定在苗床两端的木橛上。电热线上再铺3cm厚的干沙和3cm厚的碎草,防止漏水并可使苗床受热均匀,最后铺8~10cm厚的营养土,再播种。播后盖地膜,并加扣小拱棚(图2-6)。使用电热线时要注意,因每根电热线的功率都是额定的,使用时不能剪短,也不能续接;电热线不能交叉、打结,不能并在一起,以免烧断线路,也不能在空气中通电实验;苗床浇水时,要关闭电源。

二、穴盘育苗设备

穴盘苗又称塞子苗,是利用草炭、蛭石、珍珠岩等天然轻型基质及营养液浇灌进行育苗,选用分格室的苗盘,播种时一穴一粒,成苗时一室一株。一次成苗,并且成株苗的根系与基质相互缠绕在一起的现代化育苗体系。穴盘育苗的优势:省去了传统土壤育苗所需的大量床土,减轻了劳动强度;同时减轻了苗期土传病害的发生;育苗基质体积小,重量轻,便于秧苗长途运输和进入流通领域;基质和用具易于消毒,可以培育无病苗木;可进行多层架立体育苗,提高了空间利用率;根茎发达,适应性强,成活率高,无缓苗期。穴盘育苗为快捷和大批量生产苗木提供了保证,在生产上很有发展前途。

（一）穴盘

育苗穴盘主要有塑料穴盘和泡沫穴盘两种,其穴孔形状有方形和圆形,孔穴数量不一。

目前常选用的穴盘为长 54.4cm,宽 27.9cm,高 3.5 ~ 5.5cm。穴孔深度视孔大小而异。根据穴孔数量不同,穴盘分为 50 孔、72孔、128 孔、288 孔等多种,辣椒、番茄、茄子一般采用 128 孔穴盘,也可使用 72 孔穴盘,瓜类一般采用 50 孔穴盘。

（二）基质

较理想的育苗基质是草炭、蛭石、珍珠岩,生产上一般采用复合基质。尽量选用当地资源丰富、价格低廉的轻型基质,以有机无机复合基质效果更优。育苗基质还要有利于根系缠绕,便于起坨。常用的复合基质配比如下:草炭∶蛭石 = 2∶1 或 3∶1;草炭∶蛭石∶珍珠岩 = 2∶1∶1。每立方米基质中加入膨化腐熟鸡粪 10kg,磷酸二铵 1kg,磷酸二氢钾 0.5kg,过磷酸钙 5kg,掺匀待用。

（三）催芽室

催芽室是穴盘育苗的关键设施。催芽室设有加热、增湿和空气交换等自动控制系统。为节省开支,可做简易催芽室,在日光温室内搭建小棚,棚内放加温设备,如暖气等。然后将播种后的穴盘叠放在棚内进行催芽。催芽室内温度控制在 28 ~ 30℃,湿度在 95% 以上,注意保持温、湿度均匀。在催芽室内进行叠盘催芽。

（四）温室

穴盘育苗的重要配套设施是温室,因其采光和保温性能优于阳畦和改良阳畦,还可以进行双膜覆盖即温室内再扣小拱棚和安装人工加温设施如电热垫等,常被作为冬季寒冷季节育苗的主要场所。温室内配置喷水系统和放穴盘的苗床,苗床用铁架做成,也可直接在地面上铺砖、炉渣、沙子和小石子等,总之要求铺垫硬质的、重型的材料,防止穿过穴孔的根系扩大生长,在提苗时致使幼苗伤根。

第三节 主要机械与装备

一、卷帘机

卷帘机是用于温室大棚覆盖材料自动卷放的农业机械设备,根据安放位置分为前式、后式,根据动力源分为电动和手动,常用的是电动卷帘机,一般使用 220V 或 380V 交流电源。卷帘机的出现极大的推动了温室大棚卷帘作业的机械化发展。

前式卷帘机包括主机、支撑杆、卷杆三大部分,支撑杆由立杆和横杆构成,立杆安装在大棚前方地桩上,横杆前端安装主机,主机两侧安装卷杆,卷杆随棚体长短而定;后式卷帘机包括主机、卷杆和立柱三大部分,一般在苫子前端还装上芯轴,主机转动卷轴,卷轴带动每根绳索,每间棚一般装有 2～3 根卷绳。前式卷帘机工作原理是通过主机转动卷杆,卷杆直接拉动草苫或保温被,拉放均有动力支持;后式卷帘机工作原理是主机转动卷杆,卷杆缠绕拉绳,拉绳拉动草苫或保温被,放落草苫或保温被时,便利用其自身重量沿棚面坡度滑落而下。

(一)卷帘机的安装

卷帘机安装点应选定在温室大棚前的中间部位,将主机搬运到安装点,按主机输出端靠向大棚方向,便于臂杆的连接,电机端指向棚外,等待下一步与副杆连接;将臂杆分别用 M14 以上高强度螺检锁定于主机两端输出联轴器上;将卷轴从主机联轴器向两端依次排布,并用 M12 螺栓将管轴、管套套接式连接起来,且紧固可靠,严禁松动,坚固件松动将影响卷轴的使用寿命,甚至危及使用安全。此时一般分两组操作为宜,一向左端进行,一向右段进行,以提高工效。将按要求摆布的苫帘,垂直的平铺在大棚上,且底帘下边所铺绳带要外露40cm以上。将连接好的机器连同卷轴抬起放到苫帘下端的苫帘表面上,要求卷轴一定顺直,左右上下不得有弯曲现象,否则要重新调整,达到要求为止。仔细绑扎绳带与卷轴固定桩,保证绳带的松紧一致防止苫帘的跑偏。分头逐个将苫帘的下端捆起并绕卷轴一周用细铁丝将苫帘与卷轴捆扎成一体。由一名电工将电器部分准备好,先接入换向开关,然后送电观察电机正、反转,直至电机端支架口开始上翘至约90°时,断电关机。电器开关装置一般装在棚顶的中部或一端。地锚安装地应依据棚的高度、跨度预定固定位置,一般选在棚中段的前方1.8～2.2m处,装后若不合适可重新调整。固定地锚时,先用铁镐在地上挖一小坑,再将地锚尖端向下,夯入地下培土固牢。将主杆按"T"形铰链冲向地绞链连接可靠,最后用开口销锁定。再依次将主杆与副杆用上述相同的方式,用随机小销组件将其锁定,随后用2～3条绳索固定于铰链处的副杆上,由2人以上手执绳索的另端从西北、北、东北三个方向将支杆慢慢拉起,另2人抱定副杆下端并将副杆插入电机架管筒,并分别将管外侧的两只M12高强度螺丝拧紧备牢。螺检一定可靠锁紧,严禁松动,以防杆、机脱离,发生危险。机箱内确保加入蜗轮、蜗杆专用油或18号齿轮油3～4kg。

(二)卷帘机的调试

安装结束后,要进行一次全面检查,对主机、支杆、卷轴、电器一一进行检查无误、安全可靠后方可进行运行调试工作。第一次送电运行,约上卷1m,看苫帘调直状况,若苫帘不直可视具体情况分析不直原因,采取调直措施。本次运行,无论苫帘直与不直都要将机器退到初始位,目的是试运行,一是促其草帘滚实,二是对机器进行轻度磨合。第二次送电运行,约上卷到2/3处,再进行上次工作,目的仍是促其苦帘进一步滚实和对机器进行中度磨合。然后,再次将机器退回到初始位。第三次送电前,应仔细检查主机部分是否有明显温升现象,若不超环境温度40℃,且未发现机器有异声、异味,可进行第三次送电运行至机器到位。

二、滴灌系统

滴灌是将加压水(根据需要加入可溶性化肥或农药)经过滤后,通过管道输送至滴头,以水滴(或渗流)形式,适时适量地向作物根系供应水分和养分的灌溉方法。滴灌是一种机械化、自动化的灌溉技术,且节省水量,提高水的利用率,是一种节水灌溉技术。

(一)滴灌系统工作形式

滴灌系统一般由水源、首部枢纽、输水和配水管网组成。滴头四源均可作为滴灌水源,首部枢纽包括水泵、动力机、化肥罐、过滤器、控制及测量设备等,其工作原理是从水源抽水加压,经过滤后按时按量输送至管网。输水和配水管网包括干管、支管、毛管、管路连接件和控制设备,其工作原理是将具有压力的水或化肥溶液均匀的输送到滴头。滴头使毛管里的具有压力的水流经过细小流道和孔眼,使能量损失或减压成水滴或细流,均匀分布于作物根区土壤。

(二)滴灌系统的使用与维护

滴灌的设计首先主要考虑灌水量的确定,应根据栽培作物的种类、栽培季节、土壤条件等选择合适的滴头,保证充足的灌水量;然后根据灌水量、灌水所需压力,选择合适的水泵;最后通过确定合理的毛管长度或增加田间支管的分布数来减少毛管中的水压差,提高灌水的均匀性。

滴灌系统的运行管理主要包括滴灌水的处理、滴灌的水管理和滴灌系统的日常管理。滴灌水的处理主要根据水质情况采用澄清、过滤处理或氯化处理、加酸处理等;滴灌的水管理主要是根据作物种类和生育时期对土壤水分的需求,以及气候、土壤本身含水量确定适宜的灌溉量;滴灌系统的日常管理内容主要有:根据灌溉的需要,张力计读数、开启和关闭灌溉系统,根据需要施加可溶性化肥和农药,对过滤器、管路进行冲洗,防止滴头堵塞。

三、水肥一体化设备

水肥一体化技术是将灌溉与施肥融为一体的现代农业新技术。水肥一体化是借助压力灌溉系统,将可溶性固体肥料或液体肥料配对而成的肥液与灌溉水一起,均匀、准确地输送到作物根部土壤。大幅度提高肥料的利用率,可减少50%的肥料用量,水量也只有沟灌的30%～40%。

(一)水肥一体化设备工作形式

目前,常用形式是微灌与施肥的结合,且以滴灌、微喷与施肥结合的居多。首先是建立一套滴灌系统。在设计方面,要根据地形、田块、土壤质地、作物种植方式、水源特点等基本情况,设计管道系统的埋设深度、长度、灌区面积等。水肥一体化的灌水方式可采用管道灌溉、喷灌、微喷灌、泵加压滴灌、重力滴灌、渗灌、小管出流等。微灌施肥系统由水源、首部枢纽、输配水管道、灌水器四部分组成。其次是建设必要的施肥系统。在田间要设计为定量施肥,包括蓄水池和混肥池的位置、容量、出口、施肥管道、分配器阀门、水泵、肥泵等。

(二)水肥一体化设备的使用与维护

选择适宜肥料种类。可选液态或固态肥料,如氨水、尿素、硫铵、硝铵、磷酸一铵、磷酸二铵、氯化钾、硫酸钾、硝酸钾、碳酸钙、硫酸镁等肥料;固态以粉状或小块状为首选,要求水溶性强,含杂质少,一般不应该用颗粒状复合肥;如果用沼液或腐殖酸液肥,必须经过过滤,以免堵塞管道。

肥料溶解与混匀,施用液态肥料时不需要搅动或混合,一般固态肥料需要与水混合搅拌成液肥,必要时分离,避免出现沉淀等问题。

施肥时要掌握剂量,注入肥液的适宜浓度大约为灌溉流量的0.1%。例如,灌溉流量为每亩50m³,注入肥液大约为每亩50L;过量施用可能会使作物致死以及环境污染。

灌溉施肥的程序分3个阶段:第一阶段,选用不含肥的水湿润;第二阶段,施用肥料溶液灌溉;第三阶段,用不含肥的水清洗灌溉系统。

四、小型手扶旋耕机

小型手扶旋耕机小巧轻便,非常适用于大棚温室耕耘作业,是进一步提高设施蔬菜生产机械化的主要农业机具。广泛应用于旋耕、开沟、作畦、起垄、中耕、培土、铺膜、打孔等作业。

旋耕机的运行操作主要包括起步、运行、转弯、倒退等。拖拉机起步时,旋耕机应处于提升状态,刀尖离地20cm,不必过高。结合动力装置输出轴运转时,观察各传动部位有无异常现象。待旋耕机达到预定转速后,柔和放松离合器,拖拉机缓慢起步,同时操作液压升降调节手柄,使旋耕机缓慢降下,逐渐入土,直到达到耕深为止。耕作时前进的速度,以每小时2~3km为宜,在已耕翻或耙过的地里以每小时7km为宜,前进速度不可过快,以防止拖拉机超负荷,损坏动力输出轴。旋耕机工作时,万向节倾角不应大于15°,拖拉机轮要位于旋耕机轮工作幅宽以内,走在未耕地上,以免压实已耕过的田地。作业中如果刀轴上有过多缠草,应及时停车清理,以免增加机具负荷。行进中如果遇到障碍物,如石块、水管等应注意绕开,以免损害机器。旋耕作业时,拖拉机和悬挂部分严禁乘人,以防不慎被旋耕机伤害。使用手扶拖拉机旋耕机组作业时,副变速杆必须放在低的位置才能使用旋耕机。旋耕机入土后,严禁中途转弯,地头转弯时应将旋耕机提升出土,距地20cm即可,以避免刀片变形、断裂,并适当降低发动机转速,可以不切断动力,但应注意旋耕机不应提升过高,万向节转动角度应不超过 30°。旋耕刀入土后严禁倒退,工作中若需倒车,必须提升旋耕机,避免托板倒卷入土,与刀片相撞,造成损坏。

检查旋耕机时必须先切断动力,维修和保养旋耕机时,必须将拖拉机熄火。定时检查刀片有无折断、丢失、有无严重磨损或变形,必要时进行更换;检查刀轴两侧油封有无损坏及轴承的磨损情况,必要时拆开清洗、添加润滑油或更换轴承,清理刀轴及机罩上台的残草、积泥和油污;每季工作结束后,应彻底清洗机体和传动箱,然后加入新润滑油,清洗轴承,检查油封,检查刀片并涂上黄油或废机油防锈,如长期停放则应停在室内。

五、喷雾器

喷雾器具有功率大、压力强、射程远、喷雾均匀等优点,在蔬菜生产上具有喷药效率高、节省农药、雾化效果好、附着力强等优势。当前广泛应用于蔬菜大棚的生产。

（一）机动喷雾器的工作形式

机动喷雾器一般由发动机、皮带轮及皮带、泵支架、泵体、叶轮及轴、储药室及管道等部分组成。当发动机曲轴驱动风机叶轮高速旋转时,风机产生的高压气流,其中大部分经风机出口流向喷管,少部分流经进风阀、软管、滤网到达储药箱内药液面上的空间,对液面施加一定压力,药液在风压作用下通过粉门、出水塞接头、输液管、开关到达喷嘴(即所谓气压输液)。喷嘴位于弥雾喷头的喉管处,由风机出风口送来的气流通过此处时因截面突然缩小,流速突增,在喷嘴处产生负压。药液在储药箱内受正压和在此处受负压的共同作用下,源源从喷嘴喷出,正好与由喷管来的高速气流相遇。由于两者流速相差极大,而且方向垂直,于是高速气流将由喷嘴出来的细流或粗雾滴剪切成细小的雾滴,直径在 $100 \sim 150\,\mu m$,并经气流运载到远方,在运载途中,气流将细小的雾滴进一步弥散,最后沉降下来。

机动喷雾器目前根据使用方式不同可以分为背负式、担架式和与拖拉机牵引配套的机型,目前,蔬菜大棚生产应用较普遍的是背负式和担架式,背负式使用最广泛的是东方红－18型背负式弥雾喷粉机;担架式机动喷雾机是由汽油机或柴油机驱动工作的一种喷雾机,其工作部件安装在机架上,由两人抬着作业和在田间转移。拖拉机牵引配套的机型,适用于棉田、稻田和果园防治病虫害。

(二)柴油喷雾器的使用与维护

按说明图正确安装机动喷雾器零部件,安装完后,先用清水试喷,检查是否有滴漏和跑气现象。在使用时,要先加1/3的水,再倒药剂,然后加水达到药液浓度要求,但注意药液的液面不能超过安全水位线。初次装药液时,由于喷杆内含有清水,在试喷雾两三分钟后,正式开始使用。工作完毕,应及时倒出桶内残留的药液,再用清水清洗干净。若短期内不使用机动喷雾器,应将燃油及润滑油倒净,并及时清洗油路,同时将机具外部擦干装好,置于阴凉干燥处存放。若长期不用,应先润滑活动部件,防止生锈,并及时封存。加油时必须停机,注意防火。启动后和停机前,须空载低速运转3~5min,严禁空载大油门高速运转和急骤停机。新机磨合达24h以后方可负荷工作。

机动喷雾器使用后应随时保养,长期存放时,除做好一般保养工作外,还要做好以下几点:药箱内残留的药液、药粉,会对药箱、进气塞和挡风板等部件产生腐蚀,缩短其寿命,因此,要认真清洗干净;汽化器沉淀杯中不能残留汽油,以免油针、卡簧等部件遭到腐蚀;务必放尽油箱内的汽油,以避免不慎起火,同时防止了汽油挥发污染空气;用木片刮火花塞、气缸盖、活塞等部件的积炭。刮除后用润滑剂涂抹,以免锈蚀,同时检查有关部位,应修理的一同修理;清除机体外部尘土及油污,脱漆部位要涂黄油防锈或重新涂油漆;存放地点要干燥通风,远离火源,以免橡胶件、塑料件过热变质,但温度也不得低于0℃,避免橡胶件和塑料件因温度过低而变硬、加速老化。

第四节　辅助设备

一、辅助补光设备

植物周期性补光设备由传动机构、补光设备和控制系统构成,利用曲柄摆杆机构和步进电机相结合,通过单片机控制实现光源周期摆动或停滞于某处进而实现对植物的周期性补光要求,温室内的光照可以长期维护在最佳状态。

温室内对植物周期性补光设备的整体结构设计为:大齿轮和摆杆固定连接,并销接在机架上,小齿轮和灯罩固定安装在灯罩摆轴两端,灯罩摆轴销接在机架上,光源安装在灯座上并固定在灯罩内,曲柄紧固在步进电机上,连杆两端分别销接在摆杆和曲柄上,大齿轮和小齿轮相互啮合,步进电机转动时带动灯罩摆动或停留在某一固定位置。控制盒安装在机架上,步进电机与控制盒由步进电机控制线联接,光源与控制盒由光源控制线连接,控制盒上有接入线。

二、收获滑轨

在设施蔬菜收获时,由于设施内狭窄,机械运输设备无法进入,往往靠人工肩杠背驮,收获效率低。为进一步提高设施内蔬菜产品的运输效率,可以在设施安装收获滑轨,设施轨道可安装在温室靠近北部支撑墙的顶部,利用该轨道可实现设施生产资料、蔬菜的运输,提高劳动生产率。

(一)收获滑轨的工作形式

设施轨道输送系统主要由固定支撑架、省力输送轨道、物资输送架、化学农药高压输送管道等部分组成。其原理是采取多组滑轮在输送轨道上的高效滚动达到省力目的。在温室运输生产所需的肥料等生产资料时,生产人员只需将这些生产资料放在输送架上即可。在农产品收获季节,利用该轨道可运输蔬菜。

(二)收获滑轨的使用与维护

收获滑轨使用时切忌不可无人控制,防止运输容器内物体滑出;用力不可过猛,防止滑轨上固定销脱落。滑轨使用后要及时检查固定轨道的固定销是否松动或脱落,轨道滑动部分的滑轮要在使用后补充润滑油。

第五节　覆盖材料

一、遮阳网

遮阳网与栽培蔬菜的设施进行结合应用,就构成了遮阳网室。塑料遮阳网简称遮阳网,又称凉爽纱。它是以聚乙烯树脂为原料,通过拉丝、缠绕,然后编织而成,是一种高强度、耐老化、轻质量的网状新型农用覆盖材料。

正确选择遮阳网,要根据栽培季节和蔬菜需光特性选择适宜的遮阳网类型,防止出现影响蔬菜生长的情况;根据每天的天气条件灵活管理,掌握"早晚揭、中间盖;阴天揭、晴天盖;小雨揭、大雨盖"的原则,根据天气条件和蔬菜生长特性的需要勤揭勤盖,调节好小气候,以利于蔬菜生长。

(一)结构

遮阳网根据纬经的一个密区(25cm)中所用编丝的数量,如8、10、12、14 和 16 根等,将产品分别命名为 SZW – 8、SZW – 10、SZW – 12、SZW – 14、SZW – 16 等,遮阳网的折光率和拉伸强度和编丝根数成正比,根数越多遮光效果越好,拉伸强度也越强。生产上常用遮阳网为透光率在 35% ~ 65%,根据生产要求进行选用。遮阳网的宽度一般分为 0.9m、1.5m、1.8m、2.0m、2.2m、2.5m 和 4m 等几种,颜色有黑、银灰、白、果绿、蓝、黄、黑与银相交等色。生产上常用 SZW – 12、SZW – 14 两种类型,宽度为

1.8～2.5m,颜色以黑和银灰为主,重量为每平方米45～49g,使用寿命3～5年。

遮阳网的覆盖方式主要有:浮面覆盖、设施内覆盖和设施外覆盖。浮面覆盖一般在蔬菜播种后及时在地面覆盖遮阳网,利用遮阳网的半封闭性和较强的遮光性,有效降低土壤温度,减少水分蒸发,提高土壤湿度,促进种子发芽。设施外覆盖主要是在夏季栽培蔬菜时,用于降低设施内的温度,在设施外覆盖遮阳网,减少进入设施内的太阳辐射能,从而有效降低温度。

(二)性能

遮光降温,遮阳网的遮光效应一般在35%～65%,炎夏地表覆盖可降温4～6℃,近地面30cm处气温下降1℃;地下5cm处地温下降3～5℃,浮面覆盖地表温度下降6～10℃。

防雨抗雹,遮阳网具有一定的机械强度,可避免暴雨、冰雹对蔬菜的机械损伤,防止板结及暴雨后骤晴引起的倒苗、死苗。

保墒抗旱,浮面和半封闭式覆盖,土壤水分蒸发量将减少60%以上;半封闭式覆盖,秋播小白菜生长期间浇水量可减少16.2%～22.2%。

保温抗寒,覆盖遮阳网既可用于夏季抗热防暴雨栽培,也可用于秋季防早霜、冬季防冻害、早春防晚霜。冬春覆盖气温可提高1～2.8℃,对耐寒叶菜的越冬比较有利,早春蔬菜育苗可以提前10天左右。

避虫防病,银灰色遮阳网避蚜效果可以达到80%以上,可以降低蚜虫引起的病毒病的危害,还可以降低日灼病的发生。封闭式覆盖还可防止小菜蛾、斜纹夜蛾、菜螟等多种虫害进入设施产卵,减少危害。

二、防雨棚

(一)结构

根据拱架大小可以分为小拱棚式防雨棚和大棚式防雨棚。

小拱棚式防雨棚是利用小拱棚的骨架,在顶部覆盖塑料薄膜,四周通气。大棚式防雨棚在夏季直接把大棚四周的薄膜去掉,仅留顶部薄膜防雨,气温过高时还可以盖遮阳网。建造防雨棚室时,还应注意四周设排水沟,提高排水的能力。

(二)性能

防暴雨冲击可维持较好的土壤结构,防雨棚可以防止暴雨直接冲击土壤,避免水肥流失和土壤板结,促进根系和植物的正常生长,防止倒伏。还可以防止由水传播的病虫害的发生,在蔬菜传粉期改善条件,提高坐果率和果实的质量。

(三)应用

防雨棚可以用旧膜也可以用新膜,只要不漏水即可,在使用过程中要注意加强固定,防止大风吹扯,撕烂薄膜,对破损部分及时修复,防止防雨效果下降。

三、防虫网

防虫网是采用添加防老化、抗紫外线等化学助剂的聚乙烯为原料,经拉丝编织而成的,通常为白色,形似窗纱。防虫网具有抗拉强度大、抗紫外线、抗热、耐水、耐腐蚀、耐老化、无毒等性能。目前在无公害蔬菜生产上被广泛应用。

防虫网在小白菜、夏大白菜、夏秋甘蓝、菠菜、生菜、花菜、萝卜等叶菜类生产上使用,能有效的防除害虫的危害,提高叶菜的质量。茄果类蔬菜在夏秋季使用防虫网可有效阻断害虫传播病毒病的途径,减少病毒病的发生。

防虫网在应用时应根据主要防治对象进行选择,一般害虫选择20~24目规格的防虫网即可。

(一)结构

防虫网的幅宽有1m、1.2m、1.5m三种规格,网格大小有20、24、32、40目等,使用寿命一般在3年以上。

防虫网的覆盖方式分为完全覆盖和局部覆盖两种。完全覆盖一般应用在露地蔬菜生产上，就是将防虫网完全封闭地覆盖在栽培作物表面或拱棚的拱架上，一亩地大约 $900m^2$。局部覆盖是指只在大棚和温室的通风口、通风窗和门等部位覆盖防虫网，在不影响设施性能的情况下达到防虫效果。

(二)性能

调节气温和地温，在 24 目白色防虫网覆盖下，大棚晴天中午网内温度高于露地 $1℃$，$10cm$ 土层处地温，在早晨和傍晚高于露地，中午低于露地。如果在 3 月下旬应用，还可以有效地防止霜冻。

遮光调湿，24 目白色防虫网的遮光率为 15% ~ 25%，银灰色防虫网遮光率为 37%，灰色防虫网遮光率为 45%。覆盖防虫网后早晨空气湿度高于露地，中午和傍晚低于露地，网内相对湿度比露地高 5%，灌溉后高近 10%。

防暴雨抗风，覆盖防虫网后，由于防虫网网眼小、强度高，暴雨经防虫网阻隔后雨点变小、力度减弱，不会对蔬菜生长造成不利影响。经过 24 目白色防虫网的风速会降低 15% ~ 20%。

防虫防病毒病，覆盖防虫网后基本可以免除菜青虫、小菜蛾、甘蓝夜蛾、甜菜夜蛾、斜纹夜蛾、黄曲条跳甲、二十八星瓢虫、蚜虫、美洲斑潜蝇等害虫的危害，并控制了由这些害虫传播的病害发生。

四、保温被

保温被是在 20 世纪 90 年代研究开发出来的新型外保温覆盖材料，新型保温被保温效果优良、轻便、表面光滑、防水、使用寿命长。在设施环境调控中它是一种主要的保温材料。

草苫价格低廉，对环境无污染，是一种属于绿色环保的农业加工产品。其保温效果好，紧密不透光，遮光能力强，目前，已为我国河南省、山东省、河北省、山西省、甘肃省和内蒙古自治区等地的塑料大棚和温室的主要保温覆盖材料。

（一）种类

一般来说保温被都是由 3～5 层不同材料复合组成，由外层向内层依次为防水布、无纺布、棉毯、镀铝转光膜等。根据各个生产厂家和生产上保温要求的不同，可在各层进行改造。可以在外层防水布内面加一层塑料薄膜，中间可以增加棉毯的层数，内层可以增加防止红外线辐射的隔热层。通过改造，形成了多种规格和类型的保温被。

针刺毡保温被是由旧碎线、旧碎布等材料经过一些处理后重新压制而成的保温覆盖材料，可以和镀铝薄膜与化纤布相间缝合，增加防风性能和保温性能。

腈纶棉保温被是用腈纶棉、太空棉和无纺布缝合而成的防寒覆盖材料，保温效果好，在雨雪天气，水会从针眼渗入保温被下，影响保温效果。

棉毡保温被是用棉毡为主要保温材料，在其两面覆上防水牛皮纸缝合而成的保温覆盖材料，保温效果较好，价格低廉。

泡沫保温被是上下两面用化纤布为面料，采用微孔泡沫作为主要填充保温材料，缝合而成的特性保温覆盖材料。具有质轻、保温、防水、柔软、耐老化和耐腐蚀的特性，但是重量太轻注意防风，同时不宜机械卷放。

复合保温被是采用 2mm 厚蜂窝塑料薄膜 2 层加 2 层无纺布，外边再加化纤布缝合而成的保温覆盖材料。具有重量轻、保温性能好、易收放的特性，但蜂窝状薄膜机械卷压易碎，不宜机械卷放。

（二）性能

针刺毡保温被、腈纶保温被、棉毡保温被适于电动卷被，具有重量轻、保温效果好、成本低、防水、阻隔红外线辐射、使用年限长等优点。非常适于电动操作，能显著提高劳动效率，并可延长使用年限，但经常停电的地方不宜使用电动卷被。泡沫型保温被和复合型保温被具有价格低、保温、质轻、耐老化、耐腐蚀等优点。

（三）应用

保温被是一种高效节能型生产设施，由于其具有建造成本低、保温效果好等特征，因而许多农业生产者都将其应用于生产中。设施园艺生产上，保温被主要铺设在温室的前屋面和大棚的前坡面，主要用于温室和大棚的夜间保温，为提高温室和大棚的保温性能保温被可以和其他覆盖材料配合使用。

五、草苫

（一）种类

目前生产上使用最多的稻草苫，其次是蒲草、谷草、蒲草加芦苇以及其他山草编制的蒲草苫。稻草苫一般宽 1.5～1.7m，长度为采光屋面之长再加上 1.5～2m，厚度在 4～6cm，大经绳在 6 道以上。蒲草苫强度较大，卷放容易，常用宽度为 2.2～2.5m。

（二）性能

草苫保温效果好，覆盖后可以提高设施内温度 5～6℃。草苫虽然取材方便，但编制比较费工，耐用性不太理想，一般只能使薄膜产生污染。

防水性能差，遇水后材料导热系数激增，几乎失去了其保温效果，且自身重量成倍增加，给温室骨架造成很大压力；在多风地区或遇风条件下，由于本身的孔隙较多，如不与其他密封材料配合使用，其单独使用的保温性能有限。

模块三 设施蔬菜生产茬口安排

第一节 蔬菜生产模式

一、土壤栽培

土壤栽培是根据作物的生长发育所必需的环境条件,供给作物充足的养分、水分、适宜的根际温度、供氧状况、溶液浓度及酸碱度等,通过人为栽培来获得人类所必需的产品。但是,土壤栽培的作物根系生活在具有良好的缓冲作用的土层之中,土层内充满着水溶液和空气。作物需要的水分和养分可通过根系从土壤中吸取。土壤不仅能支持植物,提供根系生长的环境,同时还不断地提供营养、水分和氧气给作物根系吸收。保持在土壤孔隙中的水分和溶解的盐分等构成土壤溶液,作物根系主要是从土壤溶液中吸收养分。土壤中存在的养分包括有机的和无机的两大类,都必须通过微生物等作用分解成简单可溶的化合物,溶于土壤水才能被作物吸收利用。土壤养分的主要来源靠施肥予于补充。但施肥以氮、磷、钾肥为主。

二、无土栽培

(一)无土栽培概述

无土栽培又称营养液栽培,是指不用天然土壤,而用营养液或固体基质加营养液栽培作物的方法。

一般在温室、大棚等较封闭的设施内进行,因此,受病虫害感染的机会很小,并且很少施用农药,可种植出无污染、无公害的绿色产品。无土栽培已经成为一种省时、省工、克服连作障碍的新型实用技术和实现高效现代农业的一种理想栽培模式,具有很强的推广性。

(二)无土栽培的基质

1. 常见基质种类

无土栽培基质的作用是代替土壤将设施蔬菜作物的植株固定在容器内,并能将营养液和水保持住供设施蔬菜作物生长发育需要。因此,宜选用保水性能好,同时,又具有良好的排水性能以及不含有害物质、清洁卫生并具有一定强度的物质。目前,国内外常用的无土栽培基质主要有沙子、砾石、蛭石、珍珠岩、玻璃纤维、泡沫塑料、岩棉等。

(1)按基质的来源可分为两种。一种是天然基质如树皮、椰子壳、沙子、石砾等;另一种是人工合成基质如岩棉、炉灰渣、泡沫塑料、多孔陶粒等。

(2)按基质组成成分,可以将基质分为无机基质与有机基质。无机基质主要是指一些天然矿物或其经高温等处理后的产物作为无土栽培的基质,如塑料泡沫、沙子、砾石、陶粒、蛭石、岩棉、珍珠岩等。它们的化学性质较为稳定,通常具有较低的盐基交换量,其蓄肥能力较差。有机基质则主要是一些含 C、H 的有机生物残体及其衍生物构成的栽培基质,如锯末屑、秸秆、草炭、稻渣、椰糠、树皮、木屑、菇渣等。有机基质的化学性质常常不太稳定,它们通常有较高的盐基交换量,蓄肥能力相对较强,但使用之前应经过发酵,才能安全使用。

(3)按使用时组合的不同,可以分为单一基质和复合基质。以一种基质作为生长介质的,如沙培、砾培、岩棉培等,都属于单一基质;复合基质是由两种或两种以上的基质按一定比例混合制成的基质,复合基质可以克服单一基质过轻、过重或通气不良的缺点。

（4）按基质性质，可以分为惰性基质和活性基质两类。惰性基质是指基质的本身无养分供应或不具有阳离子代换量的基质，如沙子、石砾、岩棉等;活性基质是指具阳离子代换量，本身能供给植物养分的基质，如草炭、泥炭、蛭石等。

2. 无土栽培基质应具备的条件

（1）具有较强的透水性和保水性。基质的透水性和保水性是由基质颗粒的性质、形状、大小、孔隙度等因素决定的。

（2）不含毒性物质。钠离子、钙离子的含量也不能过高。

（3）具有一定的弹性和伸长性，既能支持住植物地上部分不发生倾倒，又能不妨碍植物地下部分伸长和肥大。

（4）化学性质稳定，基质中加入营养液和水后，基质的 pH 值和化学性质也要保持稳定。

（5）绝热性较好，不会因夏季过热、冬季过冷而损伤植物根系。

（6）本身不携带土传性病虫草害，外来病虫害也不易在其中滋生。

（7）本身有一定肥力，但又不会与化肥、农药发生化学作用，不会对营养液的配制和 pH 值有干扰，也不会改变自身固有理化特性，无毒且无难闻的气味。

（8）成本较低，容易得到。

（9）适于种植多种植物和植物各个生育阶段，不会因施加高温、熏蒸、冷冻而发生变形变质，便于重复使用时灭菌消毒。

三、简易有机基质生产

（一）配制栽培基质

栽培基质可就地取材，如棉籽壳、玉米秸、玉米芯、农产品加工后的废弃物（如酒糟）及木材加工的副产品（如锯末、刨花等）等，并可按一定配比混合后使用。

为了调整基质的物理性能，可加入一定量的无机物质，如蛭石、珍珠岩、炉渣、沙子等,加入量依调整需要而定。有机物与无机物之比按体积计可自(2∶8)~(8∶2),混配后的基质容重在 $0.30 \sim 0.65 \mathrm{g/m}^3$,每立方米基质可供净栽培面积 $6 \sim 9 \mathrm{m}^2$(栽培基质的厚度为 $11 \sim 16 \mathrm{cm}$)。常用的混合基质配方有:①草炭∶炉渣 $=4∶6$;②沙∶棉籽壳 $=5∶5$;③玉米秆∶炉渣∶锯末 $=5∶2∶3$;④草炭∶珍珠岩 $=7∶3$ 等。

栽培基质的更新年限因栽培作物不同为 $3 \sim 5$ 年。含有锯末、玉米秆的混合基质,由于在作物栽培过程中基质本身分解速度较快,所以每种植一茬作物,均应补充一些新的混合基质,以弥补基质量的不足。

(二)栽培槽和供水系统设置

1. 栽培槽

有机生态型无土栽培系统采用基质槽培的形式。槽边框高 $15 \sim 20 \mathrm{cm}$,槽宽依不同栽培作物而定。黄瓜、甜瓜等蔓茎蔬菜或植株高大需支架的番茄、辣椒等蔬菜,其栽培槽标准宽度为 $48 \mathrm{cm}$,可供栽培两行蔬菜,栽培槽间距 $0.8 \sim 1.0 \mathrm{m}$;生菜、草莓等株型较为矮小的蔬菜,栽培槽宽度可定为 $72 \mathrm{cm}$ 或 $96 \mathrm{cm}$,供栽培多行蔬菜,栽培槽间距 $0.6 \sim 0.8 \mathrm{m}$。

槽长应依保护地棚室建筑状况而定,一般为 $5 \sim 30 \mathrm{m}$。

2. 供水系统

单个棚室建独立的供水系统。栽培槽宽 $48 \mathrm{cm}$,可铺设滴灌带 $1 \sim 2$ 根,栽培槽宽 $72 \sim 96 \mathrm{cm}$,可铺设滴灌带 $2 \sim 4$ 根。

(三)生产管理规程

1. 制订栽培管理规程表

主要根据市场需要、价格状况,确定适合种植的蔬菜种类、品种搭配、上市时期、播种育苗期、种植密度、株形控制等技术操作规程表。

2. 营养液管理规程

肥料供应量以氮、磷、钾三要素为主要指标,每立方米基质所施用的肥料内应含有全氮(N)1.5~2.0kg、全磷(P_2O_5)0.5~0.8kg、全钾(K_2O)0.8~2.4kg。这一供肥水平,每亩能够满足一茬产量8 000~10 000kg番茄的养分需要量。

先在基质中混入一定量的肥料(如每立方米基质混入10kg消毒鸡粪、1kg磷酸二铵、1.5kg硫铵和1.5kg硫酸钾)作基肥,20d后每隔10~15d追肥一次,均匀地撒在离根5cm以外的周围。基肥与追肥的比例为(25:75)~(60:40)。一般每次每立方米基质追肥量:全氮(N)80~150g、全磷(P_2O_5)30~50g、全钾(K_2O)50~180g,追肥次数以所种作物生长期的长短而定。

3. 水分管理规程

根据栽培作物种类和生长期中基质含水状况来确定灌溉量。定植的前一天,灌水量以达到基质饱和含水量为度,即应把基质浇透。作物定植以后,每天1次或2~3次,保持基质含水量达60%~85%(按占干基质计)即可。一般在成株期,黄瓜每天每株浇水1~2L,番茄0.8~1.2L,辣椒0.7~0.9L。灌溉的水量必须根据气候变化和植株大小进行调整,阴雨天停止灌溉,冬季隔一天灌溉一次。

第二节 设施蔬菜茬口安排的基本原则

一、依据生产条件确定茬口

设施蔬菜生产条件主要包括生产经营方式、日光温室和大棚等设施的结构形式、温光等环境调控能力、生产者的生产技术水平,以及资金和物资条件等。生产经营方式主要涉及生产者的积极性和责任心,一个高产高效益的茬口安排,没有生产者的责任心和积极性是难以实现的。日光温室和大棚设施的结构形式与温光等环境调控能力,决定了日光温室和大棚内的环境条件的优劣。茬口安排应按照已建成温室和大棚所能创造的温光条件来进行。生产者的生产技术水平与投入的资金和物资条件等也是决定茬口安排的重要因素,因此,在茬口安排时应量力而行。

二、依据市场和经济效益确定茬口

蔬菜商品需求是决定其经济效益的重要因素之一。应根据市场上蔬菜不同季节的价格变动,选择市场价格较高的蔬菜作物和季节进行种植,经济效益的好坏与市场关系很大。

三、依据避免发生连作障碍确定茬口

在茬口安排上,应特别注意避免将易于出现连作障碍的蔬菜作物实行轮作倒茬。一般同科蔬菜作物的种类间轮作倒茬易于出现连作障碍,而不同科蔬菜作物的种类间轮作倒茬不易出现连作障碍。例如,茄科、葫芦科的果菜类蔬菜前茬种百合科的韭菜或青蒜,则对果菜类蔬菜作物的生长发育有利。

四、依据充分利用资源确定茬口

充分利用当地的自然资源、劳动力资源和物资资源等安排茬口。例如,在光照充足的温暖地区,可进行日光温室喜温果菜的冬茬或冬春茬生产;而在气候寒冷、冬季光照较差的地区,则只能安排耐寒叶菜生产。在劳动力资源较为充足的农区,可发展较为费工的日光温室冬茬或冬春茬喜温果菜生产;而城市近郊劳动力紧张,则可进行省工的速生蔬菜生产。此外,在保温材料充足地区,可进行喜温果菜冬春茬生产;而在保温材料缺乏,且生产成本非常高的地区,可安排耐寒蔬菜生产。

第三节　我国设施蔬菜栽培中应用的主要茬口

一、春茬栽培

设施蔬菜春茬栽培又称春提早栽培,是指栽培作物的主要生长发育期在前一年12月至翌年4月期间的栽培方式。在这一生长季节内,除华南热带气候区外,我国大部分地区前期气温还相对较低,应根据不同地区外界气候条件,选择不同设施和适宜的作物类型及品种进行生产茬口安排。春茬栽培一般在前一年的12月至翌年4月在温室、大棚、温床等保温性较强的设施内培育壮苗,2月下旬至4月定植,4—5月开始采收上市。该茬育苗期外界温度较低,定植后缓苗期温度变化幅度大,因此生产上应注意苗期保温防冻,定植后缓苗期防风和防倒春寒。设施蔬菜春茬栽培种类较多,从喜温的果菜类蔬菜到喜冷凉的叶菜和根菜类蔬菜均可,但以果菜类蔬菜设施春茬栽培较多。

(一)塑料中小棚春茬栽培

在华北暖温带气候区,种植喜温蔬菜,12月上旬至翌年1月中旬在温室或温床内播种育苗,3月中旬至4月上旬定植,黄瓜等瓜类蔬菜4月下旬至5月上旬开始采收上市,番茄5月下旬至6月中旬开始采收上市;种植喜凉蔬菜,2月中下旬定植,4月中下旬采收上市;种植耐寒蔬菜随时可以播种生产。在长江流域亚热带气候区,种植喜温蔬菜,12月上旬至翌年1月中旬在温室或温床内播种育苗,2月中旬至3月上旬定植,黄瓜等瓜类蔬菜3月下旬至4月中旬开始采收上市,番茄5月上旬至5月中旬开始采收上市;种植喜凉蔬菜,2月中下旬定植,4月中下旬采收上市;种植耐寒蔬菜随时可以播种生产。在华南热带气候区,各类蔬菜都可以随时播种生产。

（二）塑料大棚春茬栽培

长江流域亚热带气候区，一般初冬播种育苗，翌年 2 月中下旬至 3 月上旬定植，4 月中下旬始收，6 月下旬至 7 月上旬拉秧，如大棚黄瓜、甜瓜、西瓜、番茄、辣椒等的春提早栽培。

（三）日光温室春茬栽培

日光温室春茬栽培的生产开始时期要比塑料大棚早，如日光温室黄瓜春茬栽培的上市期比塑料大棚春茬栽培可提早 45d 以上。日光温室喜温果菜类蔬菜春茬栽培，华北暖温带气候区和长江流域亚热带气候区，一般初冬播种育苗，翌年 1 月至 2 月上中旬定植，3 月开始采收。日光温室耐寒性蔬菜春茬栽培，各地区均可随时播种随时栽培。春茬蔬菜栽培是目前日光温室生产中采用较多的种植形式，几乎可生产所有蔬菜，如春茬的黄瓜、番茄、辣椒、甜瓜、西葫芦、菜豆、西瓜及各种速生叶菜。

二、秋茬栽培

设施蔬菜秋茬栽培也称秋延后栽培，是指栽培作物的主要生长发育期在 8—12 月期间的栽培方式。该茬栽培一般在 6 月上中旬至 8 月中旬之间育苗，苗龄 20 ~ 30d，7 月上中旬至 9 月上旬定植，产品上市时间主要是 9—12 月，弥补了露地栽培产品秋淡季的供应问题。

（一）塑料中小棚秋茬栽培

中小棚秋茬栽培，在长江流域亚热带气候区，种植喜温蔬菜，6 月上旬至 7 月中旬播种育苗，8 月中旬定植，9 月上旬开始采收上市，12 月上中旬拉秧；种植喜凉蔬菜 8 月中旬至 9 月上旬定植，10 月中下旬采收上市。

（二）塑料大棚秋茬栽培

为了充分利用设施空间，提高生产效益，大棚秋茬栽培以瓜类、茄果类、豆类等高大植株栽培为主，当然也可根据当地蔬菜产品市场的需求进行调整。在长江流域亚热带气候区,种植喜温蔬菜,6月上旬至7月中旬播种育苗,8月中旬定植,9月上旬开始采收上市,12月上中旬拉秧;种植喜凉蔬菜,8月中旬至9月上旬定植,10月中下旬采收上市;种植耐寒蔬菜随时可以播种生产。

(三)网室秋茬栽培

此茬口多为喜凉叶菜的夏秋栽培茬口。大棚果菜类蔬菜早熟栽培拉秧后,将大棚或温室裙膜去除通风,保留顶膜防雨,上盖黑色遮阳网(遮光率60%以上),进行喜凉叶菜的防雨降温栽培,这也是南方夏秋季主要设施生产类型。

三、冬茬栽培

设施蔬菜冬茬栽培是指栽培作物的主要生长发育期在10月至翌年2月期间的栽培方式。全国各地区冬茬栽培一般均在9—10月播种,10—11月定植,11月到翌年1月开始采收上市。

(一)塑料大棚冬茬栽培

在黄淮地区冬季比较寒冷,塑料大棚冬茬栽培主要进行甘蓝、花椰菜、蒜苗、芹菜、油麦菜、莴苣等耐寒叶菜生产。在长江流域亚热带气候区,除可进行耐寒、半耐寒、喜凉蔬菜生产外,还可通过多层覆盖进行番茄、黄瓜等喜温蔬菜生产。在华南热带气候区,该茬是蔬菜作物生长发育的适宜温度时期,可以进行各类蔬菜生产。

(二)日光温室冬茬栽培

日光温室冬茬栽培能够解决我国北方初冬及早春喜温果菜类蔬菜产品市场供应的淡季问题。一般在8月下旬至9月上旬播种育苗,9月下旬至10月上中旬定植,黄瓜11月上旬至11月下旬开始收获,番茄则在翌年1月上旬至1月下旬开始收获,2月下旬拉秧。日光温室冬茬与春茬栽培相结合,可有效解决寒冷地区喜温蔬菜市场供应。

（三）连栋温室冬茬栽培

华南沿海地区连栋温室冬茬栽培以厚皮甜瓜、西瓜、辣椒、菜豆、丝瓜、苦瓜等喜温蔬菜作物为主。一般于10月育苗,11月定植,12月开始采收上市,翌年3～4月拉秧。该茬次可有效弥补北方地区冬季喜温蔬菜供应淡季,经济效益较高。在东北、华北及西北地区,以黄瓜、番茄、彩椒等喜温蔬菜及莴苣、芹菜等耐寒蔬菜栽培为主。一般果菜类蔬菜于7月育苗,8月中下旬定植,10月开始采收,12月下旬到翌年1月初拉秧。

四、冬春茬栽培

冬春茬栽培是指栽培作物历经前一年的冬季和翌年的春季栽培的生产类型,该茬果菜类蔬菜一般在9—10月播种育苗,10—11月定植,翌年1—2月开始上市,6—7月拉秧。

（一）塑料大棚冬春茬栽培

在华北暖温带气候区,塑料大棚冬春茬除可进行耐寒蔬菜栽培外,还可进行半耐寒及喜凉蔬菜栽培,例如大棚冬春茬花椰菜、芹菜、莴笋、韭菜、芫荽、薹菜等。在长江流域亚热带气候区,除可进行耐寒及半耐寒蔬菜生产外,还可进行茄果类蔬菜栽培;该茬一般在9月上旬至10月上旬播种育苗,12月上旬定植,翌年2月下旬至3月上旬开始上市,持续到4—5月结束;其栽培技术核心是选用早熟品种实行矮、密、早栽培技术,运用大棚进行多层覆盖(二道幕加小拱棚加草帘加地膜),使茄果类蔬菜安全越冬,上市期比一般大棚早熟栽培提早30～50d,多在春节前后供应市场,故栽培效益很高。在华南热带气候区,此期间栽培温度适宜,光照充足,利用大棚可进行瓜类、茄果类、豆类等喜温与耐热蔬菜生产,是比较理想的生长季节。

（二）日光温室冬春茬栽培

一般9—10月播种育苗,10—11月定植,黄瓜于翌年元旦至春节期间开始上市,6—7月高温前结束。日光温室蔬菜冬春茬栽培是目前我国北方地区应用较多、效益较高的一种茬口类型,主要有冬春茬黄瓜、番茄、茄子、辣椒、西葫芦等。

(三)连栋温室冬春茬栽培

一般连栋温室具有较强的环境调控能力,冬春茬栽培茬口的生产成本较高,因此连栋温室冬春茬栽培要以生产价值高的稀有名特优蔬菜为主,主要包括迷你黄瓜、樱桃番茄、彩色甜椒、黄皮西葫芦等。一般于10月育苗,11月定植,翌年1月开始采收上市,6—7月拉秧结束。

模块四 设施蔬菜生产技术

第一节 设施蔬菜生产准备

一、设施设备检修

蔬菜生产设施的检修主要是针对塑料大棚和日光温室基础设施及附属设备的检查和维修,确保设施基础牢固、棚架坚固、配套设备运转正常。

温室大棚建设属于相对比较固定,建设资金比较大的项目,但在长期的使用过程中不可避免的会出现这样那样的问题,如竹竿折断、墙体坍塌等,因此温室大棚的墙体维护、整修就至关重要。基础设施的检修主要包括日光温室的墙体、后坡、中柱、骨架、棚膜等,塑料大棚主要检查拱杆、立柱、拉杆、棚膜、压杆等。

对蔬菜生产设施基础的检修是一项细心的工作,必须在使用前派专人细致检查,并及时维修和更换。墙体有裂缝的土墙要及时用泥土填充裂缝,并用旧薄膜在墙外覆盖或在墙外侧做护坡;砖墙可以直接用混凝土砂浆填充,并用水泥砂浆填平;后坡如有凹陷和坍塌,要及时更换骨架,重新铺设。

二、设施与土壤消毒

设施蔬菜复种指数高,经常处于高温高湿的环境状态,造成土壤连作障碍严重,土传病虫害易发,严重影响下茬蔬菜的生长,制约设施蔬菜的生产和发展。对设施内的土壤和空间进行使用前消毒,是控制土传病虫害的有效措施。如果树立营养钵土、苗床土壤和栽培土壤消毒并重的思想,严防携带病菌、虫卵土壤进入设施内,同时又对设施内栽培土壤进行彻底消毒,能显著降低设施蔬菜栽培的病虫害发生率。

(一)物理消毒法

1. 太阳能消毒法

一般是在设施作物采收后,连根拔除老的植株,深翻土壤,在7、8、9月的高温晴好天气,通过覆盖透明的吸热性好的薄膜,使温度大棚密闭升温,15~20d后,地表温度可以达到80℃,地温可达50~60℃,气温也可高达50℃以上。在一年中最热的时间里,太阳热处理6~8周对大多数土壤病虫均有防治效果。

2. 热水土壤消毒法

这是利用锅炉,把75~100℃的热水直接浇灌在土壤上,使土温升高进行消毒的方法。这种消毒与蒸汽消毒均不受季节影响,可随时进行。消毒前,深翻土壤,耙磨平整,在地面上铺设滴灌管,并用地膜封严,之后通入75~100℃热水,给水量因土质、外界温度、栽培作物种类不同而不同,一般消毒范围在地下0~20cm时,每平方米灌100L水;消毒范围在地下0~30cm时,每平方米灌200L水。为了提高消毒效果,灌水前土壤要疏松,必须增施农家肥和深耕。

3. 蒸汽消毒法

蒸汽热消毒一般使用专门的设备,如低温蒸汽热消毒机。消毒作业时,将带孔的管子埋在地中,利用低温蒸汽土壤消毒机的蒸汽锅炉加热,通过导管把蒸汽热能送到土壤中,使土壤温度升高。土壤温度在70℃时,保持30min。

(二)化学消毒法

1. 福尔马林消毒法

播种前2~3周,将床土耙松,按每亩用400ml药剂加水20~

40kg(视土壤湿度而定)或其 150 倍液浇于床土,用薄膜覆盖 4～5d,然后耙松床土,两星期后待药液充分挥发后播种。

2. 硫黄设施内消毒法

在定植或育苗前,每亩用硫黄 3kg 加 6kg 碎木屑,分 10 堆点燃,密闭棚室熏蒸一夜,然后打开棚膜放风 3～5d。但蔬菜生长期应慎用,以防药害。能杀死多种病菌和害虫。

3. 波尔多液消毒法

每 1 平方米土壤用波尔多液(硫酸铜、石灰、水的比例为 1：1：100)2.5kg,加赛力散 10g 喷洒土壤,待土壤稍干即可。此法对防治黑斑病、灰霉病、诱病、褐斑病、炭疽病等效果较明显。

4. 石灰氮消毒法

选择夏季高温的棚室休闲期使用,每亩用麦草(或稻草)1 000～2 000kg,撒于地面;再在麦草上撒施石灰氮 50～100kg;深翻地 20～30cm,尽量将麦草翻压在地下层;做高 30cm、宽 60～70cm 的畦;地面用薄膜密封,四周盖严;畦间灌水,且要浇足浇透;棚室用新棚膜完全密封;在夏日高温强光下闷棚 20～30d。石灰氮在土壤中分解产生单氰胺和双酚胺,这两种物质对线虫和土传病害有很强的杀灭作用。同时石灰氮中的氧化钙遇水放热,促使麦草腐烂,有很好的肥效。夏季高温,棚膜保温,地热升温,白天地表温度可高达 65～70℃,10cm 地温高达 50℃以上,可有效防治设施菜田的根结线虫病、黄瓜、番茄的裂蔓病、幼苗立枯病、疫病和青枯病,十字花科蔬菜的菌核病、根肿病和黄萎病,茄子的青枯病和立枯病等,并能有效抑制单子叶杂草的产生,减少田间杂草的危害。

5. 多菌灵消毒法

营养钵土每立方米采用 50% 多菌灵 80g 拌匀,堆闷 24h;苗床土消毒:每亩用 50% 多菌灵 2kg 对 100kg 细干土闷 24h,撒入苗床,排钵前在床面上撒上一层毒饵(每亩苗床用 50% 辛硫磷

50g 对水 150g,加 1.5kg 炒麸皮拌匀);栽培地每亩用 50% 多菌灵 1kg,70% 甲基托布津 1kg,加 80% 敌敌畏 250g 对细干土 100kg 闷 24h,然后均匀撒入畦面。

6. 代森铵消毒法

代森铵是有机硫杀菌剂,杀菌力强,能渗入植物体内。每平方米用 50% 代森铵水剂 350 倍液 3kg。可有效防治黑斑病、霜霉病、白粉病、立枯病等。

三、周边环境清理

设施周边环境的清理工作是温室大棚正常运转和对设施内蔬菜进行科学合理的栽培管理的基础。

(一)周边环境清理的含义

对设施周边环境进行清理,首先是消灭病虫害的寄主和中转寄主,减少病源、虫源,降低设施内病虫害的发生率;其次是消除交通障碍,便捷运输生产物质和室外操作的需要;再次是疏通排水渠道,确保涝能排的需要,防止水淹设施内的作物,引发病虫害和造成作物死亡;最后通过清理周边环境还能使周边环境变得整洁,不利于害鼠的栖息,防治害鼠的危害。

(二)周边环境清理的方式

首先对温室大棚周边的杂草、病虫株的残体以及中转寄主,尤其是对设施内的生产垃圾,要及时进行彻底清理。

四、土壤耕作与基肥施用

(一)土壤耕作

土壤耕作是通过使用农机具对土壤深挖晒垡,调整土壤耕作层和土壤表面状况,以调节土壤水、肥、气、热的关系,为作物播种、出苗、生长发育提供适宜土壤环境的农业技术措施。

设施土壤耕作方法如下。

1. 人工翻地

人工用铁锹对设施内土壤进行深翻,深度可以达到 15 ~ 22cm。优点是翻土深且匀,缺点是费工费时,效率较低。

2. 小型旋耕机耕地

用小型旋耕机进入设施内对土壤进行旋耕,深度可以达到 10 ~ 15cm。优点是机械操作,效率较高;缺点是耕地深度不够,容易造成设施内土壤耕层逐渐变浅,蔬菜根系生长空间小。

3. 人工与旋耕相结合

先用小型旋耕机把作物秸秆和基肥进行旋耕混匀,再人工深翻达到 30cm 左右,既提高了耕作的效率,又提高了耕作的质量。

(二)施用基肥

设施蔬菜生产一般蔬菜生长快,复种指数高,产出量高,设施内生产的蔬菜对土壤肥力水平要求高。而增施有机肥是培肥地力、改良土壤的有效途径。

基肥施用的种类如下。

1. 秸秆有机肥

利用玉米、小麦、水稻等作物的秸秆,切碎后加水湿润,使秸秆含水量达到 60% ~ 70%,堆成宽 3 ~ 4m,高 1.5 ~ 2m 的长方体,在堆料时先堆 50cm 高,撒一层速腐剂和尿素,然后每 40cm 撒一层,1 吨秸秆使用速腐剂 1kg 和尿素 5kg,然后用泥将堆料密封起来,2 ~ 3d 后堆内温度会迅速升高到 60 ~ 70℃,然后降至 50℃,持续 20d 左右,大约经过 25d 后,秸秆基本腐烂成高效有机肥。

2. 膨化鸡粪

把鸡粪经高温膨化、微生物发酵、消毒灭虫、灭菌后而制成的有机肥,又称发酵鸡粪,已经发酵腐熟,质轻,无异味,属于全元素肥料,一般做基肥。

3. 饼肥

饼肥,主要是大豆、花生、油菜籽、蓖麻籽、棉籽等榨油后剩下的渣粕,含有丰富的蛋白质、有机质及氮磷钾等营养成分,有利于提高土壤有益微生物数量,改善土壤环境,是一种优质的有机肥。饼肥施用以后,不仅能提高产量,还能大大改善作物的品质。饼肥在施用时一定要充分腐熟,与其他肥料配合使用以满足蔬菜生长发育的需要。

第二节　种子与播种

一、蔬菜种子

优质的种子是培育壮苗、获得高产的关键。广义的蔬菜种子,泛指一切可用于繁殖的播种材料,包括植物学上的种子、果实、营养器官以及菌丝体(食用菌类);此外还有一类人工种子,目前还未普遍应用。狭义的蔬菜种子则专指植物学上的种子。

(一)种子的寿命

种子的寿命指种子在一定环境条件下能保持发芽能力的年限。种子寿命的长短取决于遗传特性和繁育种子的环境条件、种子成熟度、储藏条件等,其中储藏条件中的湿度对种子生活力影响最大。在实践中,种子的寿命则指整个种子群体的发芽率保持在60%以上的年限,即种子使用年限。

(二)种子质量检验

种子质量包括品种品质和播种品质两方面。品种品质主要指种子的真实性和纯度,播种品质主要指种子饱满度和发芽特性。种子质量的优劣最后表现在播种后的出苗速度、整齐度、秧苗纯度和健壮度等方面,应在播种前确定。主要检测内容有纯度、饱满度、发芽率、发芽势、生活力。

1. 纯度

指样本中属于本品种种子的质量百分数,其他品种或种类的种子、泥沙、花器残体及其他残屑等都属杂质。种子纯度的计算公式是:

种子纯度(%) = (供试样品总重 – 杂质重)/供试样品总重 ×100

蔬菜种子的纯度要求达到98%以上。

2. 饱满度

通常用"千粒重"(即1 000粒种子的质量,用 g 表示)度量蔬菜种子的饱满程度。同一品种的种子,千粒重越大,种子越饱满充实,播种质量越高。

3. 发芽率

指在规定的实验条件下,样本种子中发芽种子的百分数。计算公式如下:

种子发芽率(%) = 发芽种子粒数/供试种子粒数 ×100

测定发芽率通常在垫纸的培养皿中进行,也可在沙盘或苗钵中进行。蔬菜种子的发芽率分甲、乙二级,甲级蔬菜种子的发芽率应达到90%以上,乙级蔬菜种子的发芽率应在85%左右。

4. 发芽势

指种子的发芽速度和发芽整齐度,表示种子生活力的强弱程度。用规定天数内的种子发芽百分率来表示,如豆类、瓜类、白菜类、莴苣、根菜类为3~4d,韭、葱、菠菜、胡萝卜、茄果类、芹菜等为6~7d。计算公式为:

种子发芽势(%) = 规定天数内的发芽种子粒数/供试种子粒数 ×100

5. 生活力

指种子发芽的潜在能力,可用化学试剂染色来测定。常用的化学试剂染色法如四唑染色法(TTC 或 TZ)、靛红(靛蓝洋红)染色法,也可用红墨水染色法等。有生活力的种子经四唑盐类染色后呈红色,死种子则无这种反应;靛红、红墨水等苯胺染料不能渗入活细胞内而不染色,可根据染色有无及染色深浅判断种子生活力的有无或生活力强弱。

二、播种

(一)播种量

播种前应首先根据种子的种类、种子的质量、播种季节、自然灾害(气候、病虫害等)确定播种量,如豇豆种子粒大,用量多;大白菜等种子粒小,用量少。点播蔬菜播种量的计算公式如下:

种子使用价值 = 种子纯度(%)×种子发芽率(%)

播种量(g)=[种植密度(穴数)×每穴种子粒数]/(每克种子粒数×种子使用价值)

在生产实际中应视种子大小、播种季节、土壤耕作质量、栽培方式、气候条件等不同,在确定用种量时增加一个保险系数,保险系数从 0.5 ~ 4 不等。撒播法和条播法的播种量可参考点播法进行确定。

(二)播前处理

蔬菜种子播前处理可以促进出苗,保证出苗整齐,增强幼苗抗性,达到培育壮苗及增产的目的。

1. 浸种

浸种就是在适宜水温和充足水量条件下,促使种子在短时间内吸足从种子萌动到出苗所需的全部水量。有时候浸种还能在一定程度上起到消毒灭菌的作用。浸种的水温和浸泡时间是重要条件,根据浸泡的水温不同,可将浸种分为一般浸种、温汤浸种和热水烫种 3 种方法。

(1)一般浸种。也叫温水浸种,用温度与种子发芽适温相同的水浸泡种子,一般为 25 ~ 30℃。只对种子起供水作用,无种子灭菌作用,适用于种皮薄、吸水快的种子。

(2)温汤浸种。先用 55～60℃ 的温汤浸种 10～15min,这期间不断搅拌,之后加入凉水,降低温度转入一般浸种。55℃ 是大多数病菌的致死温度,10min 是在致死温度下的致死时间,因此,温汤浸种对种子具有灭菌作用,同时还有增加种皮透性和加速种子吸胀的作用。

(3)热水烫种。将种子投入 70～75℃ 或更烫的热水中,快速烫种 3～5s,之后加入凉水,降低温度至 55℃ 进行温汤浸种 7～8min,再进行一般浸种。该浸种法通过热水烫种,促进种子吸水效果比较明显,适用于种皮厚、吸水困难的种子,同时种子消毒作用显著。

生产中应根据种子特性选用浸种方法。另外,为提高浸种效率,也可对某些种子进行处理,如对种皮坚硬而厚的西瓜、丝瓜、苦瓜等种子进行胚端破壳,对附着黏质过多的茄子等种子进行搓洗、清洗等。

浸种时应注意以下几点:第一,种子应淘洗干净,除去果肉物质后再浸种;第二,浸种过程中要勤换水,一般每 5～8h 换一次水为宜;第三,浸种水量要适宜,以种子量的 5～6 倍为宜;第四,浸种时间要适宜。

2. 催芽

催芽是将浸泡过的种子放在黑暗的弱光环境里,并给予适宜的温度、湿度和氧气条件,促其迅速发芽。催芽是以浸种为基础,但浸种后也可以不催芽而直接播种。催芽一般方法为:先将浸种后的种子甩去多余水分,包裹于多层潮湿纱布、麻袋片或毛巾中,然后在适宜的恒温条件下催芽,当大部分种子露白时,停止催芽。催芽期间,一般每 4～5h 松动包内种子 1 次,每天用清水淘洗 1～2 次。

催芽后若遇恶劣天气不能及时播种,应将种子放在 5～10℃ 低温环境下,保湿待播。有加温温室、催芽室及电热温床设施设备条件的应充分利用进行催芽,但在炎热夏季,有些耐寒性蔬菜如芹菜等催芽时需放到温度较低的地方。

(三)播种时期

播种期受当地气候条件、蔬菜种类、栽培目的、育苗方式等影响。

确定播种适期的总原则:使产品器官生长旺盛期安排在最适宜的时期。栽培方式不同,确定播种期也有不同,育苗的播期依据秧苗定植日期推算;设施生产则更多考虑茬口安排,应使各茬蔬菜的采收初盛期恰好处于该蔬菜的盛销高价始期;露地栽培则将产品器官生长的旺盛期安排在气候条件(主要是温度)最适宜的月份。如茄果类蔬菜在浙江地区多于3月温度适宜时播种,大棚设施生产则可于9月中下旬播种。

(四)播种技术

1. 播种方式

主要有撒播、条播和点播(穴播)3种。

(1)撒播。是将种子均匀撒播到畦面上,多用于生长迅速、植株矮小的速生菜类及苗床播种。撒播可经济利用土地面积,省工省时,但存在不利于机械化耕作管理、用种量大等缺点。

(2)条播。是将种子均匀撒在规定的播种沟内,多用于单株占地面积较小而生长期较长以及需要中耕培土的蔬菜,如菠菜、芹菜、胡萝卜、洋葱等。条播便于机械播种及机械化耕作管理,用种量也减少。

(3)点播。又称穴播,是将种子播在规定的穴内,适用于营养面积大、生长期较长的蔬菜,如豆类、茄果类、瓜类等蔬菜。点播用种最省,也便于机械化耕作管理,但存在出苗不整齐、播种用工多、费工费时等缺点。

2. 播种方法

播种一般有干播(播前不浇底水)和湿播(播前浇底水)两种

方法。干播一般用于湿润地区或干旱地区的湿润季节,趁雨后土壤墒情合适,能满足发芽对水分需要时播种,干播后应适当镇压;如果土壤墒情不足,或播后天气炎热干旱,则需在播后连续浇水,始终保持地面湿润状态直到出苗。

浸种催芽的种子多采用湿播法,在干旱或土壤温度很低的季节,也最好用湿播法。播种前先把畦地浇透水,再撒种子,然后依籽粒大小,覆土0.5~2cm。

3. 播种深度

播种深度关系到种子的发芽、出苗的好坏和幼苗生长,应根据种子大小、土壤温湿度及气候条件确定适宜深度。播种过深,延迟出苗,幼苗瘦弱,根茎或胚轴伸长,根系不发达;播种过浅,表土易干,不能顺利发芽,造成缺苗断垄。一般干旱地区,高温及沙质土壤,大粒种子播种宜深;黏质土壤、土壤水分充足的地块,小粒种子播种宜浅。喜光种子如芹菜等宜浅播种子的播种深度一般为种子直径的2~3倍,小粒种子一般覆土0.5~1cm,中粒种子1~3cm,大粒种子3cm以上。

第三节 设施蔬菜育苗技术

一、育苗方式

蔬菜育苗方式多种多样,各有特点。

依育苗场所及育苗条件,可分为设施育苗和露地育苗。设施育苗依育苗场所还可细分为温室育苗、温床育苗、冷床育苗、塑料薄膜拱棚育苗等。依温光管理特点又可细分为增温育苗及遮阳降温育苗。

依育苗所用的基质,可分为床土育苗、无土育苗和混合育苗。无土育苗又可分为基质培育苗、水培育苗、气培育苗等。基质培育苗又依基质的性质分为无机基质(炉渣、蛭石、沙、珍珠岩等)

育苗和有机基质(碳化稻壳、锯末、树皮等)育苗。

依育苗用的繁殖材料,可分为播种育苗、扦插育苗、嫁接育苗、组培育苗等。

依护根措施,可分为容器护根育苗、营养土块育苗等;容器护根育苗依容器的结构分为普通(单)容器育苗和穴盘育苗。

实际中的育苗方法,常是几种方式的综合。

(一)遮阳育苗法

技术难度不大,在高温强光季节育苗效果显著。遮阳可用固定设施,如温室外加盖遮阳帘或黑网纱,也可用临时设施,如一般遮阳棚等;遮阳设施又可分完全保护(遮阳、防雨、防虫)或部分保护(遮阳)。遮阳育苗法不仅适用于芹菜、大白菜、甘蓝、莴苣等喜冷凉蔬菜的夏季育苗,也可用于番茄、辣椒、黄瓜的秋延后栽培的育苗。其主要关键技术:选择通风、干燥、排水良好地块建筑苗床;保持较大的幼苗营养面积并切实改善秧苗的矿质营养条件;掌握遮阳适度,特别是果菜类蔬菜幼苗,以中午前后遮强光为主,光照过弱会降低秧苗质量;结合喷水,防虫降温,必要时用药剂防治病虫害等。

(二)床土育苗法

床土育苗法是一种普遍采用的传统育苗方法。其突出优点是就地取土比较方便;土壤的缓冲性较强,不易发生盐类浓度障碍或离子毒害;营养较全,不易出现明显的缺素障碍等。如果床土配制合理,能获得很好的育苗效果。缺点是需要用大量的有机质或腐熟有机肥配制床土;苗带土量大,增加秧苗搬运负担,很难长途运输;床土消毒难度较大。因此,适合于小规模和就地育苗,难以实现种苗业产业化。在应用床土育苗法时,应特别注意床土的物理性改良,主要营养成分的供给,根系的保护等措施。

(三)无土育苗

无土育苗是应用一定的育苗基质和人工配制的营养液代替

床土进行育苗的方法,又称营养液育苗。与床土育苗比较,具有以下优点:由于选用的基质通气保水条件好,营养及水分供给充足,秧苗根系发育好,生长速度快,秧苗质量好,可缩短育苗期,促进早熟丰产;可免去大量取土造成的搬运困难,基质重量轻,便于长途运输,为集中的现代化育苗创造有利条件;有利于实现育苗的标准化管理;可减轻土传病害发生。但是,无土育苗的成功必须抓住基质的选择、营养液的配制、水分供给等技术环节的标准化管理,并应有相应的设施设备以保证技术的有效实施,否则容易出现育苗的失误甚至失败。

（四）扦插育苗法与嫁接育苗法

扦插育苗是利用蔬菜部分营养器官如侧枝、叶片等,经过适当的处理,在一定条件下促使发根、成苗的一种方法。这种无性繁殖方法多用于特殊需要的科研和生产中,如白菜、甘蓝腋芽扦插繁种、番茄侧枝扦插快速成苗等。其突出优点是能够保持种性,显著缩短育苗期,方法简便,易于掌握,且有利于多层立体育苗。但由于育苗量受到无性繁殖器官来源的限制,在发根期间对条件要求较为严格,一般只适用于小批量生产或特殊需要的场合。扦插育苗法的技术关键在于促进发根,应保持适宜的温度及较高的空气湿度,还可用生长素处理(萘乙酸 500mg/L 或吲哚乙酸 1 000mg/L),促进生根。可以用床土、水、空气或炉渣、沙粒等作为基质扦插育苗,在发根过程中不需供给营养,但需保证必要的水分;在发根期间(一般为 3d 左右)如光照过强可适当遮阳。发根后秧苗培育阶段与一般育苗相同。

二、设施育苗技术

我国北方地区冬、春季节进行蔬菜育苗时,外界温度较低,需借助一些设施增温,才能达到较好的育苗效果。根据蔬菜种类和幼苗生长发育特点,选用合适的设施、设备是育苗成败的关键。

（一）苗床播种

1. 播种日期的确定

一般是根据当地的适宜定植期和适龄苗的成苗期来确定，即从适宜定植期起按某种蔬菜的日历苗龄向前推算播种期。例如，河南日光温室春茬番茄一般在 2 月上旬至 3 月上旬定植，育成适合定植的苗（具有 8 ~ 9 片叶）需 60 ~ 80d。一般应在 11 月下旬至 12 月下旬播种。

2. 播前先对种子进行处理

低温期选晴暖的上午播种。播前浇足底水，水渗下后，在床面盖一层薄薄育苗土，防止播种后种子直接沾到湿漉漉的畦土上，发生糊种。小粒种子用撒播法。大粒种子一般点播。瓜类、豆类种子多点播，如采用容器育苗应播于容器中央，瓜类种子应平放，不要立插种子，防止出苗时将种皮顶出土面并夹住子叶，即形成"戴帽"苗（图 4-1）。催芽的种子表面潮湿，不易撒开，可用细沙或草木灰拌匀后再撒。播后覆土，并用薄膜平盖畦面。

（二）苗期管理

苗期管理是培育壮苗的最重要环节。苗期管理的任务是创造适宜于幼苗生长发育的环境条件，并通过控制各种条件协调幼苗的生长发育。

1. 温度管理

苗期温度管理的重点是掌握好"三高三低"，即"白天高，夜间低；晴天高，阴天低；出苗前、移苗后高，出苗后、移苗前和定植前低"。各阶段的具体管理要点如下。

（1）播种至第一片真叶展出。出苗前温度宜高，关键是维持适宜的土温。果菜类应保持 25 ~ 30℃，叶菜类 20℃左右。当 70% 以上幼苗出土后，为促进子叶肥厚、避免徒长、利于生长点分化，应撤除薄膜以适当降温。把白天和夜间的温度分别降低 3 ~ 5℃，防止幼苗的下胚轴旺长，形成高脚苗。若发现土面裂缝及出

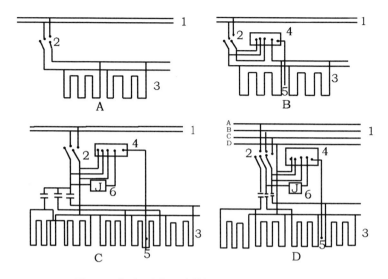

图4-1 黄瓜、番茄子叶戴帽苗与正常脱壳苗比较

1.子叶戴帽苗;2.子叶正常脱壳苗

土"戴帽"时,可撒盖湿润细土,填补土缝,增加土表湿润度及压力,以助子叶脱壳。

(2)第一片真叶展出至分苗。第一片真叶展出后,白天应保持适温,夜间则适当降低温度,使昼夜温差达到10℃以上,以提高果菜的花芽分化质量,增强抗寒性和抗病性。分苗前一周降低温度,对幼苗进行短时间的低温锻炼。

(3)分苗至定植。分苗后几天里为促进根系伤口愈合与新根生长,应提高苗床温度,促早缓苗,白天适宜温度是25~30℃,夜间20℃左右。缓苗后降低温度,以利于壮苗和花芽分化。果菜类白天25~28℃,夜间15~18℃;叶菜类白天20~22℃,夜间12~15℃。定植前7~10d,应逐渐降低温度,进行低温锻炼以增强幼苗耐寒及抗旱能力。果菜类白天降到15~20℃,夜间5~10℃;叶菜类白天10~15℃,夜间1~5℃。

各种蔬菜幼苗苗期温度管理大体都经过这几个阶段,只是不同作物、不同时期育苗,其具体温度指标有所不同。

2. 湿度管理

育苗期间的湿度管理,可按以下几个阶段进行。

(1)播种至分苗播种前。浇足底水后,到分苗前一般不再浇水。当大部分幼苗出土时,将苗床均匀撒盖一层育苗土,保湿并防止子叶"戴帽"出土,形成"戴帽"苗。齐苗时,再撒盖一次育苗土。此期间,如果苗床缺水,可在晴天中午前后喷小水,并在叶面无水珠时撒土,压湿保墒。

(2)分苗前1d浇透水,以利起苗,并可减少伤根。栽苗时要注意浇足稳苗水,缓苗后再浇一遍透水,促进新根生长。

(3)分苗至定植期。适宜的土壤湿度以地面见干见湿为宜。对于秧苗生长迅速、根系比较发达、吸水能力强的蔬菜,如番茄、甘蓝等为防其徒长,应严格控制浇水。对秧苗生长比较缓慢、育苗期间需要保持较高温度和湿度蔬菜,如茄子、辣椒等,水分控制不宜过严。

床面湿度过大时,可采取以下措施降低湿度:一是加强通风,促进地面水分蒸发;二是向畦面撒盖干土,用干土吸收地面多余的水分;三是勤松土。

3. 光照管理

低温期改善光照条件可采用以下措施。

(1)经常保持采光面清洁,可保持较高的透光率。

(2)做好草苫的揭盖工作,在满足保温需要的前提下,尽可能地早揭、晚盖草苫,延长苗床内的光照时间。

(3)搞好间苗和分苗工作,在秧苗密集时,因互相遮阳,会造成秧苗徒长,应及时进行间苗或分苗,以增加营养面积,改善光照条件。

4. 分苗管理

一般分苗1次。不耐移植的蔬菜如瓜类,应在子叶期分苗;茄果类蔬菜可稍晚些,一般在花芽分化开始前进行。宜在晴天进行,地温高,易缓苗。分苗方法有开沟分苗、容器分苗和切块分苗。早春气温低,应采用暗水法分苗,即先按行距开沟、浇水,并边浇水边按株距摆苗,水渗下后覆土封沟。高温期应采用明水法分苗,即先栽苗,全床栽完后浇水。

分苗后因秧苗根系损失较大,吸水量减少,应适当浇水,防止萎蔫,并提高温度,促发新根。光照强时,应适当遮阳。

5. 其他管理

在育苗过程中,当幼苗出现缺肥症状时,应及时追肥。追肥以施叶面肥为主,可用0.1%尿素或0.1%磷酸二氢钾等进行叶面喷肥。

苗期追施二氧化碳,不仅能提高苗的质量,而且能促进果菜类的花芽分化,提高花芽质量。二氧化碳施肥适宜的浓度为$800 \sim 1\,000\text{ml}/\text{m}^3$。

定植前的切块和囤苗能缩短缓苗期,促进早熟丰产。一般囤苗前2d将苗床灌透水,第2天切方。切方后,将苗起出并适当加大苗距,放入原苗床内,以湿润细土弥缝保墒进行囤苗。囤苗时间不宜过长(7d左右),囤苗期间要防淋雨。

三、嫁接育苗技术

(一)嫁接育苗的意义

嫁接育苗是把要栽培蔬菜的幼苗、苗穗(即去根的蔬菜苗)或从成株上切下来的带芽枝段,接到另一野生或栽培植物(砧木)的适当部位上,使其产生愈合组织,形成一株新苗。

蔬菜嫁接育苗,通过选用根系发达及抗病、抗寒、吸收力强的砧木,可有效地避免和减轻土传病害的发生和流行,并能提高蔬菜对肥水的利用率,增强蔬菜的耐寒、耐盐等方面的能力,从而达到增加产量、改善品质的目的。

(二)主要嫁接方法

蔬菜的嫁接方法比较多,常用的主要有靠接法、插接法和劈接法等几种。靠接法主要采取离地嫁接法,操作方便,同时,蔬菜和砧木均带自根,嫁接苗成活率也比较高。靠接法的主要缺点是嫁接部位偏低,防病效果较差,主要用于不以防病为主要目的的蔬菜嫁接,如黄瓜、丝瓜、西葫芦等。插接法的嫁接部位高,远离地面,防病效果好,但蔬菜采取断根嫁接,容易萎蔫,成活率不易保证,主要用于以防病为主要目的的蔬菜嫁接,如西瓜、甜瓜等。由于插接法插孔时,容易插破苗茎,因此,苗茎细硬的蔬菜不适合采用此法。劈接法的嫁接部位也比较高,防病效果好,但对蔬菜接穗的保护效果不及插接法的好,主要用于苗茎细硬的蔬菜防病嫁接,如茄果类蔬菜嫁接。

(三)嫁接砧木

嫁接砧木的基本要求是:与蔬菜的嫁接亲和性强并且稳定,以保证嫁接后伤口及时愈合;对蔬菜的土传病害抗性强或免疫,能弥补栽培品种的性状缺陷;能明显提高蔬菜的生长势,增强抗逆性;对蔬菜的品质无不良影响或不良影响小。目前,蔬菜上应用的砧木主要是一些蔬菜野生种、半栽培种或杂交种。

主要蔬菜常用嫁接砧木与嫁接方法见下表。

表　主要蔬菜常用嫁接砧木与嫁接方法

蔬菜名称	常用嫁接砧木	常用嫁接方法	主要嫁接目的
黄瓜、丝瓜、西葫芦、苦瓜等	黑籽南瓜、杂交南瓜	靠接法、插接法	低温期增强耐寒能力
西瓜	瓠瓜、杂交南瓜	插接法、劈接法	防病
甜瓜	野生甜瓜、黑籽南瓜	插接法、劈接法	防病
番茄	野生番茄	靠接法、劈接法	防病
茄子	野生茄子	靠接法、劈接法	防病

(四)嫁接前准备

1. 嫁接场地

蔬菜嫁接应在温室或塑料大棚内进行,场地内的适宜温度为25～30℃、空气湿度为90%以上,并用草苫或遮阳网将地面遮成花荫。

2. 嫁接用具

嫁接用具主要有刀片、竹签、托盘、干净的毛巾、嫁接夹或塑料薄膜细条、手持小型喷雾器和酒精(或1%高锰酸钾溶液)。

(五)嫁接技术操作要点

1. 靠接法操作要点

靠接法应选苗茎粗细相近的砧木和蔬菜苗进行嫁接。如果两苗的茎粗相差太大,应错期播种,进行调节。靠接过程包括砧木苗去心、砧木苗茎切削、接穗苗茎切削、切口接合及嫁接部位固定等几道工序,见图4-2。

图 4-2　靠接过程
1. 砧木苗去心;2. 砧木苗茎切削;3. 接穗苗茎切削;
4. 切口接合;5. 嫁接部位固定

2. 插接法操作要点

普通插接法所用的砧木苗茎要较蔬菜苗茎粗1.5倍以上,主要是通过调节播种期使两苗茎粗达到要求。插接过程包括砧木去心、插孔、蔬菜苗切削、插接等几道工序,见图4-3。

3. 劈接法操作要点

劈接法对蔬菜和砧木的苗茎粗细要求不甚严格,视两苗茎的

图4-3　瓜类蔬菜幼苗插接法

粗细差异程度,一般又分为半劈接(砧木苗茎的切口宽度为苗茎粗度的1/2左右)和全劈接两种形式。在砧木苗茎较粗、蔬菜苗茎较细时应采用半劈接;砧木与接穗的苗茎粗度相当时采用全劈接。劈接法的操作过程包括砧木苗茎去心、劈接口、插接、固定接口等几道工序,见图4-4。

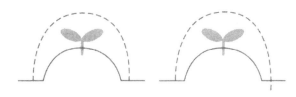

图4-4　瓜类蔬菜幼苗劈接法

4. 斜切接法操作要点

多用于茄果类嫁接,又叫贴接法。当砧木苗长到5~6片真叶时,保留基部2片真叶,从其上方的节间斜切,去掉顶端,形成30°左右的斜面,斜面长1.0~1.5cm。再拔出接穗苗,保留上部2~3片真叶和生长点,从第2片或第3片真叶下部斜切1刀,去掉下端,形成与砧木斜面大小相等的斜面。然后将砧木的斜面与接穗的斜面贴合在一起,用嫁接夹固定(图4-5)。

图4-5　茄子幼苗斜切接法

（六）嫁接苗管理

嫁接后愈合期的管理直接影响嫁接苗成活率,应加强保温、保湿、遮光等管理。

1. 温度管理

一般嫁接后的前4～5d,苗床内应保持较高温度,瓜类蔬菜白天25～30℃,夜间18～22℃;茄果类白天25～26℃,夜间20～22℃。嫁接8～10d后为嫁接苗的成活期,对温度要求比较严格。此期的适宜温度是白天25～30℃,夜间20℃左右。嫁接苗成活后,对温度的要求不甚严格,按一般育苗法进行温度管理即可。

2. 湿度管理

嫁接结束后,要随即把嫁接苗放入苗床内,并用小拱棚覆盖保湿,使苗床内的空气湿度保持在90%以上,不足时要向畦内地面洒水,但不要向苗上洒水或喷水,避免污水流入接口内,引起接口染病腐烂。3d后适量放风,降低空气湿度,并逐渐延长苗床的通风时间,加大通风量。嫁接苗成活后,撤掉小拱棚。

3. 光照管理

嫁接当天以及嫁接后头3d内,要用草苫或遮阳网把嫁接场所和苗床遮成花荫防晒。从第4天开始,要求于每天早晚让苗床接受短时间的太阳直射光照,并随着嫁接苗的成活生长,逐天延长光照的时间。嫁接苗完全成活后,撤掉遮阳物,可开始通风、降温、降湿。

4. 嫁接苗自身管理

（1）分床管理。一般嫁接后7～10d,把嫁接质量好、接穗苗恢复生长较快的苗集中到一起,在培育壮苗的条件下进行管理;把嫁接质量较差、接穗苗恢复生长也较差的苗集中到一起,继续在原来的条件下进行管理,促其生长,待生长转旺后再转入培育壮苗的条件下进行管理。对已发生枯萎或染病致死的苗要从苗床中剔除。

（2）断根靠接法。嫁接苗在嫁接后的9～10d,当嫁接苗完全恢复正常生长后,选阴天或晴天傍晚,用刀片或剪刀从嫁接部位下把接穗苗茎紧靠嫁接部位切断或剪断,使接穗苗与砧木苗相互依赖进行共生。嫁接苗断根后的3～4d,接穗苗容易发生萎蔫,要进行遮阳,同时,在断根的前1d或当天上午还要将苗钵浇一次透水。

（3）抹杈和抹根。砧木苗在去掉心叶后,其苗茎的腋芽能够萌发长出侧枝,要随长出随抹掉。另外,接穗苗茎上也容易产生不定根,不定根也要随发出随抹掉。

四、容器育苗技术

容器育苗可就地取材制成各种育苗容器。目前,生产上广泛应用的有:营养土块、纸钵、草钵、塑料钵、薄膜筒等,不仅可以有效地保护根系不受损伤,改善苗期营养状况,而且秧苗也便于管理和运输,实现蔬菜育苗的批量化、商品化生产。可根据不同的蔬菜种类、预期苗龄来选择相应规格(直径和高度)的育苗容器。

容器育苗使培养土与地面隔开,秧苗根系局限在容器内,不能吸收利用土壤中的水分,要增加灌水次数,防止秧苗干旱。使用纸钵育苗时,钵体周围均能散失水分,易造成苗土缺水,应用土将钵体间的缝隙弥严。容器育苗的苗龄掌握要与钵体大小相适应,避免因苗体过大营养不足而影响秧苗的正常生长发育。为保持苗床内秧苗发展均衡一致,育苗过程中要注意倒苗。倒苗的次数依苗龄和生长差异程度而定,一般为1～2次。

第四节　设施蔬菜定植

一、做畦技术

做畦一般跟土壤耕作结合进行,在土壤耕翻后,根据栽培需要确定合理的菜畦类型及走向,按照栽培畦的基本要求做畦。

（一）畦的走向

畦的走向直接影响植株的受光、光在冠层内的分布、通风情况、热量、地表水分等,应根据地形、地势及气候条件确定合理的畦向。在风力较大地区,畦的方向应与风向平行,利于畦间通风及减少台风危害;地势倾斜的地块,应以有利于保持土壤水分和防止土壤冲刷为原则来确定畦向。当植株的行向与栽培畦的走向平行时,南方地区蔬菜栽培则多采用南北走向做畦,可使植株接受更多的阳光和热量。

（二）畦的基本要求

第一,土壤要细碎。整地做畦时,保持畦内无坷垃、石砾、薄膜等各种杂物,土壤必须细碎,这样有利于土壤毛细管的形成和根系吸收。

第二,畦面应平坦,平畦、高畦、低畦的畦面要平整,否则浇水或雨后湿度不均匀,导致植株生长不整齐,且低洼处易积水。垄的高度要均匀一致。

第三,土壤松紧适度。为了保证良好的保水保肥性及通气状况,做畦后应保持土壤疏松透气,但在耕翻和做畦过程中也需适当镇压,避免土壤过松,大孔隙较多,浇水时造成塌陷,从而使畦面高低不平,影响浇水和蔬菜生长。

二、定植技术

在设施培育的蔬菜幼苗长到一定大小后,将其从苗床中移植到菜地的过程,称为定植。科学合理的定植技术能促进幼苗定植后迅速缓苗,保证蔬菜良好的生长,为优质、高产打下基础。

（一）定植前的准备

在定植前应该做好土地和秧苗的准备工作。整地做畦后定植前,按照确定的行株距开沟或挖定植穴,施入适量腐熟的有机肥和复合肥,与土拌匀后覆层细土,避免定植后秧苗根系与肥料直接接触。选择适龄幼苗定植,苗过小不易操作,过大则伤根严重,缓苗期长。一般叶菜类以幼苗具 5～6 片真叶为宜;瓜类、豆类根系再生能力弱,定植宜早,瓜类多在 5 片真叶时定植,豆类在具两片对称子叶,真叶未出时定植;茄果类根系再生能力强,可带花或带果定植,但缓苗期长。定植前对秧苗进行蹲苗(适当控制浇水)锻炼,可提高其对定植后环境条件的适应,减少缓苗期。

(二)定植时期

由于各地气候条件不同,蔬菜种类繁多,各地应根据气候与土壤条件、蔬菜种类、产品上市时间及栽培方式等来确定适宜的播种与定植时期。设施生产的定植时期主要考虑产品上市的时间、幼苗大小、土地情况及设施保温性能而定。

(三)定植密度

定植密度因蔬菜的株型、开展度以及栽培管理水平、环境条件等不同而异。合理密植就是在保证蔬菜正常生长发育前提下,尽量增加定植密度,充分利用光、温、水、土、气、肥等环境条件,提高蔬菜产量及品质。在同等气候及土壤条件下,爬地生长的蔓生蔬菜定植密度应小,搭架栽培密度则应大;丛生的叶菜类和根菜类密度宜小;早熟品种或栽培条件不良时,密度宜大,而晚熟品种或适宜条件下栽培的蔬菜密度应小。

(四)定植方法

在适宜的定植时期,根据定植密度,选择适宜的时间进行定植,定植方法有明水定植法与暗水定植法。

(1)明水定植法。先按行、株距挖穴或开沟栽苗,栽完苗后及时浇定根水,这种定植方法称为明水定植法。该法浇水量大,地温降低明显,适用于高温季节。

(2)暗水定植法。分为"坐水法"和"水稳苗法"两种。

①坐水法:按株行距开穴或开沟后先浇足水,将幼苗土坨或

根部置于泥水中,水渗下后再覆土。该定植法速度快,还可保持土壤良好的透气性,促进幼苗发根和缓苗等作用。成活率较高。②水稳苗法:按株行距开穴或开沟栽苗,栽苗后先少量覆土并适当压紧、浇水,待水全部渗下后,再覆盖干土。该法既能保证土壤湿度要求,又能增加地温,利于根系生长,适合于冬春季定植,一般秧苗、带土移栽及各种容器苗定植多采用此法。

栽植时应注意:一是尽量多带土,减少伤根;二是栽植深浅应适宜,一般以子叶下为宜,如黄瓜"露坨",茄子"没脖""深栽茄子,浅栽蒜"等,在潮湿地区不宜定植过深,避免下部根腐烂;三是选择合适定植时间,一般寒冷季节选晴天,炎热季节选阴天或午后。

(五)定植后的苗期管理

幼苗定植到大田后,因根部受伤,影响水分和养分的吸收,生长会有一段停滞期,待新根发生后才恢复生长,这一过程称"缓苗"。缓苗时间的长短对早熟、丰产有重要意义,越快越好,不缓苗最佳。为此生产上对定植后的苗期管理比较重视,采取相应措施缩短缓苗期。瓜类可采用塑料杯、营养土块、营养钵育苗等保护根系,减少定植时伤根,缓苗快;移植时尽量多带土,少伤根;栽植后遇太阳过强应遮阴,若遇霜冻可采取覆土、熏烟或灌水等措施防冻;缓苗前注意浇水促进成活。此外,生产中还应准备一定后备苗,以备缺苗时补植所用。

第五节 蔬菜田间管理

一、合理密植

(一)合理密植的意义

合理密植能够增加单位面积产量,其原因主要是单位面积株数增加,以及单位面积内叶面积及根系在土壤分布的体积均增加了,能够更好地利用日光能、空气以及土壤中的水分和矿物盐。农作物干物质的90%~95%是有机物质,其中,90%以上是光合作用的产物,叶是进行光合作用的主要器官,叶面积的增加,为充分利用光能创造了有利的条件。单位面积内总株数增加后,根系的吸收面积扩大,而且密植后促进根系向纵深发展,有利吸收深层土壤中的水分和养分。当然,在密植的情况下必须比一般的栽培多施肥,才能达到增产的目的。

作物密植以后,对植物进行了遮阳,起了保墒作用,使土壤中的水分更多地为植物利用。此外,还可以抑制杂草发生,改变田间小气候和减轻风霜危害等。对于果菜类可以增加早期产量。合理密植可以提高蔬菜产品的品质,芹菜、茼蒿、韭菜、蒜苗可以利用密植进行软化。对于叶菜类,如株距过大,植株纤维发达组织粗硬,反而降低产品质量。对于萝卜和胡萝卜等根菜类,栽植过稀,容易引起肉质根的分歧。

(二)个体产量与群体产量的关系

群体产量是个体产量的总和,因此个体生长良好,产量高,群体的产量才会高。但群体产量不是个体产量简单地相加。高产的群体往往是由个体数较多,但比稀植时较弱的个体构成。群体植株越密则个体生长越弱,这是群体与个体间发展的一般规律。对于一次采收的根菜类,如胡萝卜,据试验,不同密度之间的单位面积产量差异不大。密植的比稀植的单位面积产量稍为高些。但密植的单株产量则以小型根(30g以下)的较多,而稀植的单株产品重量以大型根(大都在80~100g)的较多。对于多次采收的茄果类及瓜类,增加密度之后会明显地增加早期的果实产量。而以幼小植株为产的绿叶菜类蔬菜,密植增产的效果很明显,但个体减弱的现象也很明显。

(三)密植与栽培技术的关系

推行密植必须与其他栽培技术互相配合,才能收到良好的效果。密植后因单位面积株增加,根系的横向发展范围缩小,而向下发展吸收深层土壤中的水分与养分。因此,必须与深耕、施肥、灌溉相结合,以增加植株吸肥能力和抗倒伏能力。精细的田间管理,可以增加栽植密度。例如,番茄栽培用整枝搭架的,可以比不整枝搭架者密些。而单干整枝又可以比双干整枝者密些。瓜类和豆类的栽植情况也大致如此。为了适应机械化的要求,应适当扩大行距,便于进行机械操作,也有利于通风透光。密植后应及时搭架、整枝、压蔓、摘叶,使植株向空间发展。密植增加后,株间的湿度增加,土壤不易干裂,能减轻茄子的黄萎病。但对另外一些蔬菜,则比较容易发生病虫害,应加强病虫害防治工作。

此外,在高温多雨地区应较低温少雨地区密植度小些;没有灌溉条件、土壤肥力低的地区,栽植密度比土壤肥力高又有灌溉条件的地区低些。

二、中耕、除草与培土

(一)中耕

及时进行中耕除草,减少杂草与作物竞争水分、养分、阳光和空气,保护栽培的作物在田间生长中占绝对优势,这是中耕除草技术应用的关键。从蔬菜栽培的角度来看,播种出苗后、雨后或灌溉后表土已干,天气晴朗时就应及时进行中耕。因雨后或灌水后的中耕,可以破碎土壤表面的板结层,使空气容易进入土中,供给根系呼吸对氧气的需要,增加养分分解,使土壤有机物易于释放二氧化碳,促进作物光合作用的进行。冬季及早春中耕有利于提高土温,促进作物根系发育,同时因切断了表土的毛细管,因而减少毛细管对水的蒸发作用。

由于作物的种类不同,根系的再生与恢复能力有所差异,因此,中耕的深度有所不同。番茄根的再生能力强,切断老根后容易发生新根,增加根系的吸收面积。类似这种作物可以进行深中耕。黄瓜、葱蒜类根系较浅,根受伤后再生能力较差,宜进行浅中耕。苗小时中耕不宜太深,株行距小者中耕宜浅些。一般中耕深度为 3～6cm 或 9cm 左右。

中耕的次数依作物种类、生长期长短及土壤性质而定。生长期长的作物中耕次数较多,反之就较少。但都需要在未封垄前进行。中耕常与除草相结合。

中耕的方法,目前手工与机械并用。将来应逐步扩大机械中耕的面积,减少手工操作,以提高工作效率。

(二)除草

在一般情况下,杂草生长的速度远远超过栽培作物,而且生命力极强,如不加以人为地限制,很快就会压倒蔬菜的生长。杂草除了夺取作物生长所需的水分、养分和阳光外,还常常是病虫害潜伏的场所。许多昆虫在杂草丛中潜伏过冬,如十字花科蔬菜的潜叶蝇和黄条跳甲。杂草也是某些蔬菜病害的媒介,十字花科的许多杂草,就是滋长白菜根腐病和白锈病病菌的场所。此外,还有一些寄生性的杂草,能直接吸收蔬菜作物体内的养分,如菟丝子。因此,防除杂草是农业生产上的重要问题。

杂草的种子数量多,发芽能力强,甚至能在土壤中保存数十年后仍有发芽能力。因此,除草应在杂草幼小而生长较弱的时候进行,才能有较好的效果。除草的方法主要有 3 种,就是人工除草、机械除草及化学除草。人工除草的方法是利用小锄头或其他工具,费劳动力多,质量好,效率低,但目前仍然必须使用。机械除草比人工除草效率高,但只能解决行间的除草,株间的杂草因与苗距离近,容易伤苗,还得用人工除草作为辅助措施。

化学除草是利用化学药剂来防除杂草,方法简便,效率高,可以杀死行间和株间的杂草,是农业现代化的重要内容之一。必须不断发展低毒、高效而有选择性的除草剂。目前蔬菜化学除草主要是播种后出苗前或在苗期使用除草剂,用以杀死杂草幼苗或幼芽。对多年生的宿根性杂草,应在整地时把杂草根茎清除,否则在作物生长期间就难以防除了。

（三）培土

蔬菜的培土是在植株生长期间将行间的土壤分次培于植株的根部，这种措施往往是与中耕除草结合进行的。北方垄作地区趟地就是培土的方式之一。在江南雨水多的地方，为了加强排水，把畦沟中的泥土掘起，覆在植株的根部，不仅有利于排水，也为根系的发育创造了良好的条件。

培土对不同的蔬菜有不同的作用。大葱、韭菜、芹菜、石刁柏等蔬菜的培土，可以促进植株软化，增进产品质量；对于马铃薯等的培土，可以促进地下茎的形成；容易发生不定根的番茄、南瓜等，培土后能促进不定根的发生，加强根系吸收土壤养分和水分的能力。此外，培土可以防止植株倒伏，具有防寒、防热等多方面的作用。

三、植株调整

植株调整的作用包括平衡营养生长与生殖生长、地上与地下部生长；协调植株发育，改变发育进程，促进产品器官形成与膨大；促进植株器官的新陈代谢，获得优质、丰产；减少机械伤害和病、虫、草害发生。

植株调整主要包括摘心、打杈、摘叶、束叶、疏花疏果和保花保果、支架、压蔓等。

（一）摘心、打杈

1. 摘心

摘心是指除去生长枝梢的顶芽，又叫打尖或打顶，可抑制生长，促进花芽分化，调节营养生长和生殖生长的关系。如对无限生长的茄果类和瓜类蔬菜，栽培的后期，按照栽培的目的与实际的生长条件和生产水平，在保持植株有一定数量的果实和相应的枝叶后，即可将其顶芽去除，确保已有果实在生长期内达到成熟标准。

2. 打杈

打杈即摘除侧芽。一些植物的侧枝萌发能力非常强,若任其自然生长,则会枝蔓繁生,导致结果不良或不能结果。如番茄生产中一般只留顶芽向上生长,侧枝全部摘除,这种整枝方式叫单干整枝;有时除顶芽外第一穗果下又留 1 侧枝与顶芽同时生长,称为双干整枝。打杈以后,调整了植株营养器官与生殖器官的比例,提高经济系数,达到高产的目的。

(二)摘叶、束叶

1. 摘叶

一般来说,幼龄叶的同化效率较低,壮龄叶的同化效率最高,而老叶、病叶的同化效率也较低,甚至同化量不及其呼吸消耗量。另外,冠层内叶量较大时,群体消光系数值较高,所以,处于植株基部的老叶、病叶,都应及时去除,以避免不必要的同化物质消耗,同时也利于维持适宜的群体结构,使通风、透光条件得以改善。

2. 束叶

指将靠近产品器官周围的叶片尖端聚集在一起的作业。常用于花球类和叶球类蔬菜生产中,可有效地提高上述蔬菜产品的商品性。束叶可防止阳光对花球表面的暴晒,保持花球表面的色泽与质地;束叶还具有防寒和改善植株间通风透光条件作用,但束叶不宜进行过早。

(三)疏花疏果和保花保果

1. 疏花疏果

对于以营养器官为产品的蔬菜,疏花疏果可减少生殖器官对同化物质的消耗,有利于产品器官形成。如大蒜、马铃薯、莲藕、百合、豆薯等蔬菜摘除其花蕾均有利于产品器官膨大。对于以果实为产品器官的蔬菜作物,疏花疏果可以提高单果重和商品质量。对一些畸形、有病或机械损伤的果实,也应及早摘除。

2. 保花保果

当植株营养不足、逆境胁迫时(如低温或高温),一些花和果实即会自行脱落,应采取保花保果措施,落花落果还与植株体内激素水平有关。因此,可以通过改善植株自身营养状况,施用生长调节剂等方法保花保果。

(四)支架、牵引、绑蔓

1. 支架

对于茎不能直立的蔬菜如黄瓜、番茄、菜豆和山药等,需进行支架栽培,以增加叶面积指数,改善通风透光,减少病虫害发生。常用的架型有:①双行人字架或单行架:一般架比较高,常以竹竿为材料,将植株的茎蔓引到架上,有些需加以绑缚。如豇豆、黄瓜等。②棚架:生长旺盛、分枝较多的植物需要搭棚架,使茎蔓分布均匀,合理利用空间,如葫芦、佛手瓜等,庭院栽培时采用较多。③矮支架:一些半直立蔬菜,如早熟番茄、石刁柏等,用1 m左右的支架即可,架型也较简单,但需要绑缚。

2. 牵引

指设施生产下对一些蔓生、半蔓生蔬菜进行攀缘引导的方法。一端系在植株的根部,另一端则与设施的顶架结构物相连,也可以与在设施顶部专门设置的引线相连。有直立式牵引和人字形牵引。随着植株逐渐长高,将其主茎环绕在牵引线上即可保证其向上生长。

3. 绑蔓

对于支架栽培的蔓生作物,无论用竹竿或木条作材料,植株在向上生长过程中依附架条的能力并不是很强,因此,需要人为地将主茎捆绑在架条上,以使植株能够直立地向上生长。

（五）压蔓、落蔓、盘蔓

1. 压蔓

蔓生蔬菜作爬地栽培时，如大田西瓜，经压蔓后可使植株排列整齐，受光良好，管理方便，促进果实发育，增进品质；同时在压蔓处，可诱发植株产生不定根，有防风和增加营养吸收的能力，并可控制茎叶生长过旺。

2. 落蔓和盘蔓

对牵引或支架栽培的蔓生、半蔓生蔬菜，在生长后期，基部的老叶、老枝经整枝和摘叶已完全去除，形成群体基部的过疏，而对于群体顶部来说，植株已没有多大攀缘空间，这时可将植株茎盘旋下放，降低整个群体的高度，使植株顶部有一个良好的群体分布，这种作业称为茎下落盘蔓，茎下落盘蔓可以较好地调节群体内的通风透光。

第六节　蔬菜灌溉管理

一、生长期的灌水和滴水

生长期的合理灌水应根据不同种类蔬菜、不同生长阶段、不同气候、不同土壤类型来确定。

（一）根据蔬菜种类进行浇水

需水量大的蔬菜应多浇水，耐旱性蔬菜浇水要少。

（二）根据蔬菜生长阶段进行浇水

产品器官形成前一段时间，应控水蹲苗，防止旺长；产品器官盛长期，应勤浇水，保持地面湿润；产品收获期，要少浇水或不浇水，提高产品的耐储运性。

（三）根据气候变化进行浇水

低温期浇水要少，并且应于晴暖天中午前后浇水。高温期浇水要勤,并要于早晨或傍晚浇水。

（四）根据土壤类型进行浇水

沙性土的保水性差,要增加浇水次数;黏性土的保水力强,灌水量及灌溉次数要少于盐碱地,应勤浇水、浇大水,防止盐碱上移;低洼地要小水勤浇,防止积水。

（五）结合栽培措施进行浇水

追肥后灌水,有利于肥料的分解和吸收利用;分苗、定苗后浇水,有利于缓苗;间苗、定苗后灌水,可弥缝、稳根。

生长期的灌水方法一般包括明水灌溉和膜下滴灌。

（1）明水灌溉。包括畦灌、沟灌、淹灌等几种形式,适用于水源充足、土地平整、土层较厚的土壤和地段。其投资小,易实施,适用于大面积蔬菜生产,但较费工费水,易使土表板结。

（2）膜下滴灌。在地膜下开沟或铺设滴灌毛管,由滴头将水定时、定量、均匀而缓慢地滴到蔬菜根际的灌溉方式,能够使土壤蒸发量减至最低程度,节水效果明显,低温期还可提高地温 1～2℃;滴灌不破坏土壤结构,土壤内部水、肥、气、热能经常性地保持良好的状态。

二、生长期的追肥

（一）沟灌追肥

1. 沟灌追肥概念

蔬菜生长期中施用的肥料叫追肥。是在基肥的基础上采用速效性肥料,分期施用的。它可以补给蔬菜各个生育期对养分的需要。例如,大白菜就有提苗肥、团棵肥、包心肥、壮棵肥 4 次追肥。

2. 沟灌追肥方法

从施用方法上有开沟追施（如尿素、碳铵等）和随水浇施（如氨水、人粪尿）等土壤施入法。还有根外喷施法（如磷酸二氢钾、过磷酸钙、尿素等)。土壤施肥是基本的方法,根外追肥是辅助的方法。

3. 沟灌追肥常见肥料种类

有尿素、碳铵、氨水、人粪尿、磷酸二氢钾、过磷酸钙。

(二)滴灌追肥

1. 滴灌追肥概念

滴灌追肥是通过管道系统和滴头、滴灌带将肥水以小流量、稀释的、均匀、准确、直接地输送到作物根部,滴灌施肥是随着微灌技术发展起来的一项新技术,能方便地进行肥水同灌,同时满足蔬菜需水量和需肥量。

2. 滴灌追肥方法

通过水源、水泵、肥料罐、过滤器、压力表、调压阀、输水管道系统(包括干管、支管和滴灌带),田间组合布置进行肥水同灌,实现追肥的目的。

3. 滴灌追肥常见肥料种类

滴灌施肥所用的化学肥料必须是溶解度大,杂质含量低,两种或数种肥料混用时,应注意肥料匹配,防止产生沉淀,使用微量元素尽可能以螯合物的形式。

(三)叶面肥

1. 叶面肥概念

作物通过根系表面可以吸收土壤中或营养液中的营养,供给作物的生长和发育。同样作物的茎、叶表面也可以吸收喷洒在其表面的营养。这种非根系吸收营养的现象就是作物的根外营养。向作物根系以外的营养体表面施用肥料的措施叫做根外施肥,也就是一般所说的叶面施肥。用于叶面施肥的肥料称叶面肥。其实用于根部施肥的肥料与用于叶面施肥的肥料并没有严格的界限,凡是可以溶于水的肥料均可以用于叶面施肥,只不过施用浓度要严格掌握,肥料溶液过浓会灼伤叶片造成肥害。

2. 叶面肥施用方法及特点

与根系施肥相比,通过叶片吸收的营养比根系吸收营养迅速,见效快。叶面施肥是补充和调节作物营养的有效措施,特别是在逆境条件下,根部吸收机能受到障碍,叶面施肥常能发挥特殊的效果。作物对微量营养元素需要的量少,在土壤中微量元素不是严重缺乏的情况下,通过叶面喷施常能满足作物的需要。然而,作物对氮、磷、钾等大量元素需要量大,叶面喷施只能提供少量养分,无法满足作物的需求。因此,为了满足作物所需的养分,还应以根部施肥为主,叶面施肥只能作为一种辅助措施。

3. 叶面肥常见肥料种类

叶面肥根据营养成分可分为简单叶面肥和多元素叶面肥。常用的简单叶面肥有尿素、磷酸二氢钾、硝酸钙、硫酸锌、硫酸锰、钼酸铵、硫酸亚铁等;多元素叶面肥可以是几种微量元素的相加,可以是几种大量、中量元素的相加,也可以是大量元素与中量、微量元素的相加。近年来利用动、植物下脚料经发酵或水解,添加一些营养元素的无机盐,制成含多种营养元素和简单有机物的多成分叶面肥,除可供给作物矿物质营养外,还有一些有机营养、生长调节物质,兼有营养和调节双重作用。

(四)二氧化碳施肥

黄瓜的二氧化碳饱和点浓度一般为 0.1%,在高温、高湿、强光条件下饱和点浓度可达 1%。通常将空气中二氧化碳含量提高到 0.1%,黄瓜可增产 10% ~ 20%;提高到 0.63% 时,可增产 50%。因此,应强调施用二氧化碳气肥。但在植株衰弱和弱光、低温条件下,单独提高二氧化碳浓度,则难以达到增产效果。研究证明,黄瓜白天如有 100cm/s 左右的风速,则有利于干物质量的增加;同时,晴天加强通风,加强叶片蒸腾作用,可以提高根系吸收能力,促进根系发育。

第七节　设施环境调控

一、温度条件

正常管理下的日光温室温度明显高于室外。最高气温增温效应最大是在最冷的 1 月上中旬,以后随外界气温升高和放风管理,使最高气温的室内外差值逐渐缩小。

最高气温出现的时间,晴天最高气温出现在 13:00,比自然界提前。13:00 以后温度开始下降。阴天最高气温常出现在云层较薄、散射光较强的时候,但也随室内外温差大小而有别,故时间不易确定。

不同天气条件对最高气温的影响,晴天增温效应最大,多云天气次之,阴天最差。通风对最高气温的影响与通风面积、通风口位置、上下通风口的高差、外界气温及风速都有关系。扒缝放风时,上下通风口同时开放,通风面积为膜面的 2%～3% 时,可使最高温度下降 10～14℃。圆形通风口上下两排开放,通风面积约为 0.1% 时,可使最高气温下降 2～3℃。单开上排或下排放风口,或减少放风面积时,对最高温度的抑制较小。外界气温低,风大或上下风口高差大时,通风对抑制高温的效果大,反之则小。所以,一般冬季和早春放风效果明显,而 3 月下旬至 4 月后效果较差,此时必须加大通风量。由于温室水平温度的不一致性,对温室中部和远离门一端,应适当加大放风面积。

二、光照条件

温室光照条件与大棚相同点为同受季节、天气、方位、结构的影响。不同之处是温室光照度主要受前屋面角度、前屋面大小的影响。在一定范围内,屋面角度越大,透明屋面与太阳光线所成的入射角越小,透光率越高,光照越强。因此,冬季太阳高度较低,光照减弱。春季太阳高度升高,光照加强。

温室内南北水平光照差异表现为南强北弱,距前屋面越远光照越弱。在栽培蔬菜条件下,由于前排蔬菜遮阳,南北光差加大,造成前后排产量的差异。各排的垂直照度,上层最强,中层次之,下层最弱。为了充分利用温室光照,减少局部光差的影响,应注意冬春栽培品种的选择和不同种类的合理搭配。

三、湿度条件

影响温室湿度条件的因素有灌水量、灌水方式、天气、通风量与加温设备等。晴天湿度小于阴天,白天小于夜间,室内最高相对湿度出现在后半夜到日出前。温室容积小,湿度大。昼夜温差大,易因高温高湿引起病害,因此冬季在中午时也应做短时通风降湿。

四、土壤及其调控

(一)土壤酸化

土壤酸化是指土壤的 pH 值明显低于 7,土壤呈酸性反应的现象。

1. 土壤酸化对蔬菜的不良影响

土壤酸化对蔬菜的影响很大,一方面能够直接破坏根的生理机能,导致根系死亡;另一方面还能够降低土壤中磷、钙、镁等元素的有效性,间接降低这些元素的吸收率,诱发缺素症状。

2. 土壤酸化的原因

大量施用氮肥导致土壤中的硝酸积累过多是引起土壤酸化的主要原因。此外,过多施用硫酸铵、氯化铵、硫酸钾、氯化钾等生理酸性肥也能导致土壤酸化。

3. 主要防治措施

(1)合理施肥。氮素化肥和高含氮有机肥的一次施肥量要适中,应采取"少量多次"的方法施肥。

（2）施肥后要连续浇水。一般施肥后连浇 2 次水，降低酸的浓度。

（3）加强土壤管理。如进行中耕松土，促根系生长，提高根的吸收能力。

（4）对已发生酸化的土壤应采取淹水洗酸法或撒施生石灰中和的方法提高土壤的 pH 值，并且不得再施用生理酸性肥料。

（二）土壤盐渍化

土壤盐渍化是指土壤溶液中可溶性盐浓度明显过高的现象。

1. 土壤盐渍化对蔬菜的不良影响

当土壤发生盐渍化时，植株生长缓慢，分枝少；叶面积小，叶色加深，无光泽；容易落花落果。危害严重时，植株生长停止，生长点色暗、失去光泽，最后萎缩干枯；叶片色深、有蜡质，叶缘干枯、卷曲，并从下向上逐渐干枯、脱落；落花落果；根系变褐色坏死。

土壤盐渍化往往是大规模造成危害，不仅影响当季生产，而且过多的盐分不易清洗，残留在土壤中，对以后蔬菜的生长也会产生影响。

2. 土壤盐渍化的原因

土壤盐渍化主要是由于施肥不当造成的，其中，氮肥用量过大导致土壤中积累的游离态氮素过多，是造成土壤盐渍化的最主要原因。此外，大量施用硫酸盐（如硫酸铵、硫酸钾等）和盐酸盐（如氯化铵、氯化钾等），也能增加土壤中游离的硫酸根和盐酸根浓度，发生盐害。

3. 主要防治措施

（1）定期检查土壤中可溶性盐的浓度。土壤含盐量可采取称重法或电阻值法测量。

称重法是取 100g 干土加 500g 水，充分搅拌均匀。静置数小时后，把浸取液烘干称重，称出含盐量。一般蔬菜设施内每 100g

干土中的适宜含盐量为 15～30mg。如果含盐量偏高,要采取预防措施。

电阻值法是用电阻值大小来反映土壤中可溶性盐的浓度。测量方法是:取干土 1 份,加水(蒸馏水)5 份,充分搅拌。静置数小时后,取浸出液,用仪器测量浸出液的电传导度。蔬菜适宜土壤浸出液的电阻值一般为 0.5～1mΩ/cm。如果电阻值大于此值范围,说明土壤中的可溶性盐含量较高,有可能发生盐害。

(2)适量追肥。要根据作物的种类、生育时期、肥料的种类、施肥时期以及土壤中的可溶性盐含量、土壤类型等情况确定施肥量,不可盲目加大施肥量。

(3)淹水洗盐。土壤中的含盐量偏高时,要利用空闲时间引水淹田,也可每种植 3～4 年夏闲一次,利用降雨洗盐。

(4)覆盖地膜。地膜能减少地面水分蒸发,可有效地抑制地面盐分积聚。

(5)换土。如土壤中的含盐量较高,仅靠淹水、施肥等措施难以降低时,就要及时更换耕层熟土,把肥沃的田土换入设施内。

五、气体及其调控

设施作物是设施的主体,根据设施内气体对作物是有益还是有害,可将气体分为有益气体和有害气体两种。

有益气体主要指的是二氧化碳和氧气。光合作用是作物生长发育的物质能量基础,而 CO_2 是绿色植物进行光合作用的重要原料之一。在自然环境中,CO_2 的浓度为 $300\mu l/L$ 左右,能维持作物正常的光合作用。各种作物对 CO_2 的吸收存在补偿点和饱和点。在一定条件下,作物光合作用吸收的 CO_2 量和呼吸作用放出的 CO_2 量相等,此时的 CO_2 浓度称为 CO_2 补偿点;随着 CO_2 浓度升高光合作用也会增加,当 CO_2 浓度增加到一定程度,光合作用不再增加,此时的 CO_2 浓度被称为 CO_2 饱和点;长时间的 CO_2 饱和浓度可对绿色植物光合系统造成破坏而降低光合效率。把低于饱和浓度可长时间保持较高光合效率的 CO_2 浓度称为最适 CO_2 浓度,最适 CO_2 浓度一般为 $600 \sim 800 \mu l/L$。

同样,作物生命活动需要氧气,尤其在夜间,光合作用因为黑暗的环境而不再进行,呼吸作用则需要充足的氧气。地上部分的生长需氧来自空气,而地下部分根系的形成,特别是侧根及根毛的形成,需要土壤中有足够的氧气,否则根系会因为缺氧而窒息死亡。此外,在种子萌发过程中必须要有足够的氧气,否则会因酒精发酵毒害种子使其丧失发芽力。

有害气体主要指的是氨气、二氧化氮、二氧化硫、乙烯、邻苯二甲酸二异丁酯等气体。设施具有半封闭性,在低温季节,温室大棚经常密闭保温,很容易积累有毒气体造成危害。如当大棚内氨气太多时,植株叶片先端会产生水渍状斑点,继而变黑枯死;当二氧化氮达 $2.5 \sim 3 \mu l/L$ 时,叶片发生不规则的绿白色斑点,严重时除叶脉外,全叶都被漂白。

模块五　设施茄果类蔬菜生产技术

第一节　番　茄

一、春季大棚栽培技术

（一）播种育苗

1. 品种选择

大棚栽培一般都选早熟品种和中熟品种,上海地区的主要品种有浙粉 202、浙粉 988、合作 906、合作 908、金棚 1 号、21 世纪宝粉、L402 等。

2. 播种期

11 月上中旬在大棚内播种育苗,翌年 1 月下旬至 2 月中旬定植,4 月上旬至 7 月上旬采收。

3. 种子处理

播种前进行种子处理,剔除杂质、劣籽后,用 55℃ 温水浸种 15min,并不断搅拌。将种子放在清水中浸种 3 ~ 8h,捞出用纱布包好,在 25 ~ 30℃ 的环境中催芽,50% 以上种子露白即可播种。

4. 播种

常用的育苗方法有两种,即苗盘育苗和苗床育苗。

（1）苗盘育苗。苗盘规格是 25cm × 60cm 的塑料育苗盘,每个盘播种 5g,每亩生产田用种 30 ~ 40g。装好营养土浇足底水后播种,播后覆盖 0.5cm 左右厚的盖籽土。苗盘下铺电加温线,上盖小环棚。营养土配制是按体积比肥沃菜园土 6 份、腐熟干厩肥 3 份、砻糠灰 1 份配制而成。

（2）苗床育苗。苗床宽 1.5m，平整后铺电加温线，电加温线之间的距离为 10cm，然后覆盖 10cm 厚的营养土，浇足底水后播种，播后覆盖 0.5cm 左右厚的盖籽土。播种量每平方米 15g 左右。苗床上盖小环棚。

5. 苗期管理

当幼苗有 1 片真叶时进行分苗，移入直径 8cm 的塑料营养钵内，然后在大棚内套小环棚，加盖无纺布、薄膜等保温材料。整个育苗期间以防寒保暖为主，并要遵循出苗前高、出苗后低，白天高、夜间低的温度管理原则。夜间温度不应低于 15℃，白天温度在 20℃ 以上，以利花芽分化，减少畸形果。同时要预防高温烧苗，应根据天气情况和苗情适时揭盖覆盖物。出苗后应经常保持多见阳光，当叶与叶相互遮掩时，拉大营养钵的距离，以防徒长。苗期可用叶面肥，如天缘、赐保康等喷施。壮苗标准是苗高 18 ~ 20cm，茎粗 0.6cm 左右，节间短，有 6 ~ 8 片真叶。植株健壮，50% 以上苗现蕾，苗龄 65 ~ 75d。定植前 7d 左右注意通风降温，加强炼苗。

（二）定植前准备

1. 整地作畦

选择地势高爽，前 2 年未种过茄果类作物的大棚，施入基肥并及早翻耕，然后做成宽 1.5m（连沟）的深沟高畦，每标准棚（30m×6m）做 4 畦。畦面上浇足底水后覆盖地膜。

2. 施基肥

一般每亩施腐熟有机肥 4 000kg 或商品有机肥 1 000kg，再加 25% 蔬菜专用复合肥 50kg 或 52% 茄果类蔬菜专用肥（N：P_2O_5：K_2O = 21：13：18）30 ~ 35kg，肥料结合耕地均匀翻入土中后作畦。

(三)定植

1. 定植时间

当苗龄适宜,棚内温度稳定在 10℃ 以上时即可定植。一般在 1 月下旬至 2 月上旬,选择晴好无风的天气定植。

2. 定植方法

定植前营养钵浇透水,畦面按株行距先用制钵机打孔,定植深度以营养钵土块与畦面相平为宜。定植后,立即浇搭根水,定植孔用土密封严实。同时,搭好小环棚,盖薄膜和无纺布。

3. 定植密度

每畦种 2 行,行距 60cm,株距 30 ~ 35cm,每亩栽 2 400 株左右。

(四)田间管理

大棚春番茄的管理原则以促为主,促早发棵、早开花、早坐果、早上市,后期防早衰。

1. 温光调控

定植后闷棚(不揭膜)2 ~ 4d。缓苗后根据天气情况及时通风换气,降低湿度,通风先开大棚再适度揭小棚膜。白天尽量使植株多照阳光,夜间遇低温要加盖覆盖物防霜冻,一般在 3 月下旬拆去小环棚。以后通风时间和通风量随温度的升高逐渐加大。

2. 植株整理

第一花序坐果后要搭架、绑蔓、整枝,整枝时根据整枝类型将其他侧枝及时摘去,使棚内通风透光,以利植株的生长发育。留 3 ~ 4 穗果时打顶,顶部最后一穗果上面留 2 片功能叶,以保证果实生长的需要。每穗果应保留 3 ~ 4 个果实,其余的及时摘去。结果后期摘除植株下部的老叶、病叶,以利通风透光。

3. 追肥

肥料管理掌握前轻后重的原则。定植后 10d 左右追 1 次提苗肥,每亩施尿素5kg。第一花序坐果且果实直径3cm大时进行第二次追肥,第二、第三花序坐果后,进行第三、第四次追肥,每次每亩追尿素7.5~10kg或三元复合肥5~15kg。采收期,采收1次追肥1次,每次每亩追尿素5kg、氯化钾1kg。

4. 水分管理

定植初期,外界气温低,地温也低,不利于根系生长,一般不需要补充水分。第一花序坐果后,结合追肥进行浇灌,此时,大棚内温度上升,番茄植株生长迅速,并进入结果期,需要大量的水分。每次追肥后要及时灌水,做到既要保证土壤内有足够的水分供应,促进果实的膨大,又要防止棚内湿度过高而诱发病害。

5. 生长调节剂使用

第一花序有2~3朵花开时,用激素喷花或点花,防止因低温引起的落花落果,促进果实膨大,抑制植株徒长是确保番茄早熟丰产的重要措施之一。常用激素主要为番茄灵,用于浸花,也可用于喷花,浓度掌握在30~40mg/kg。使用番茄灵必须在植株发棵良好、营养充足的条件下进行,因此定植后不宜过早使用。番茄灵也可防止高温引起的落花落果,在生长后期也可使用,但使用后要增加后期的追肥,防止早衰。

(五)采收

番茄果实已有3/4的面积变成红色时,营养价值最高,是作为鲜食的采收适期。通常第一、第二花序的果实开花后45~50d采收,后期(第三、第四花序)的果实开花后40d左右采收。采收时应轻拿、轻放,并按大小等分成不同的规格,放入塑料箱内。一般每亩产量4 000kg左右。

(六)包装

按番茄的大小、果形、色泽、新鲜度等分成不同的规格进行包装,要清除烂果、过熟、日伤、褪色斑、疤痕、雹伤、冻伤、皱缩、空腔、畸形果、裂果、病虫害及机械伤明显不合格的番茄。用于包装的番茄必须是同一品种,包装材料应使用国家允许使用的材料,包装完毕后贴上标签。

二、秋季栽培技术

(一)品种选择

上海地区一般选用金棚 1 号、合作 908、浙粉 202、21 世纪粉红番茄等品种。

(二)播种时期

播种期一般在 7 月中旬,延后栽培的可推迟到 8 月上旬前。

(三)育苗

秋番茄也要采取保护地育苗,以减少病毒病的为害。播种方法与春季大棚栽培相同,先撒播于苗床上,再移栽到塑料营养钵中,或者采用穴盘育苗,将番茄种子直接播于 50 穴或 72 穴穴盘中。穴盘营养土可按体积比按肥沃菜园土 6 份、腐熟干厩肥 3 份、砻糠灰 1 份或蛭石 50%、草炭 50% 配制。播种前浇透水,播后及时覆盖遮阳网,苗期正值高温多雨季节,幼苗易徒长,出苗后要控制浇水,应保持苗床见干见湿。遇高温干旱,应适量浇水抗旱保苗。秋季番茄苗龄不超过 25d。

(四)整地作畦

秋番茄的前茬大多是瓜果类蔬菜,土壤中可能遗留下各种有害病菌,而且因高温蒸发土壤盐分上升,这对种秋番茄极为不利。所以,前茬出地后,应立即进行深翻、晒白、灌水淋洗,然后每亩施商品有机肥 500~1 000kg 和 45% 硫酸钾 BB 肥 30kg,深翻整地,再做成宽1.4~1.5m(连沟)的深沟高畦。

(五)定植

8 月中旬至 9 月初选阴天或晴天傍晚进行,每畦种 2 行,株距 30cm,边栽植边浇水,以利活棵。

（六）田间管理

定植后要及时浇水、松土、培土。活棵后施提苗肥,每亩施尿素 10kg 左右。第一穗果坐果后,每亩施三元复合肥 15～20kg,追肥穴施或随水冲施。以后视植株生长情况再追肥 1～2 次,每次每亩施三元复合肥 10～15kg。

开花后用(25～30)×10⁻⁶mg/kg 浓度的番茄灵防止高温落花、落果。坐果后注意水分的供给。

秋番茄不论早晚播种都以早封顶为好,留果 3～4 层,这样可减少无效果实的产生,提高单果重量。秋番茄后期的防寒保暖工作很重要,一般在 10 月底就要着手进行。种在大棚内的,夜间要放下薄膜;种在露地的,要搭成简易的小环棚。早霜来临前,盖上塑料薄膜,一直沿用到 11 月底。作延后栽培的,进入 12 月后,要开始加强保暖措施。可在大棚内套中棚,并将番茄架拆除放在地上,再搭小环棚,上面覆盖薄膜和无纺布等防寒材料。如果措施得当,可延迟采收到 2 月中旬。其他田间管理与春季大棚栽培相同。

（七）采收

10 月中下旬可开始采收。采用大棚延后栽培的,可采收到翌年的 2 月。露地栽培的秋番茄每亩产量为 1 000～2 000kg,大棚栽培的秋番茄每亩产量为 2 000～2 500kg。

第二节　辣　椒

辣椒,又叫番椒、海椒、辣子、辣角、秦椒等,是辣椒属茄科一年生草本植物。果实通常成圆锥形或长圆形,未成熟时呈绿色,成熟时变成鲜红色、黄色或紫色,以红色最为常见。辣椒的果实因果皮含有辣椒素而有辣味,能增进食欲。辣椒中维生素 C 的含量在蔬菜中居第一位。

一、生物学特性

(一)形态特征

辣椒的根系不发达。一般多分布在30cm土层内。根系再生能力弱,不耐涝也不耐旱,不耐高温或低温。辣椒茎木质部较发达而且坚硬,自然直立,分权力弱,适于密植。单叶互生,有卵圆形的或长卵圆形。完全花,呈白色或紫色。花有单生和簇生两种,以单生较普遍。浆果。果皮是食用部分。果实有大果型,味较淡称为甜椒;有小果型的多为长椒,一般辣味较重。果实的形状有圆锥形、圆球形、弯曲形、扁圆形及羊角形。种子扁平略带圆形,淡黄色或乳白色。种子千粒重3.0~7.8g。发芽力一般可以保持2~3年。

(二)生育特点

辣椒生育初为发芽期,催芽播种后一般5~8d出土。15d左右出现第一片真叶,到花蕾显露为幼苗期。第一花穗到门椒坐住为开花期。坐果后到拔秧为结果期。

二、栽培管理技术

(一)露地栽培

早春育苗,露地定植为主。

1. 种子处理

要培育长龄壮苗,必须选用粒大饱满、无病虫害,发芽率高的种子。育苗一般在春分至清明。将种子在阳光暴晒2d,促进后熟,提高发芽率,杀死种子表面携带的病菌。用300~400倍液的高锰酸钾浸泡20~30min,以杀死种子上携带的病菌。反复冲洗种子上的药液后,再用25~30℃的温水浸泡8~12h。

2. 育苗播种

苗床做好后要灌足底水。然后撒薄薄一层细土,将种子均匀撒到苗床上,再盖一层0.5~1cm厚的细土覆盖,最后覆盖小棚保湿增温。

3. 苗床管理

播种后6~7d就可以出苗。70%小苗拱土后,要趁叶面没有水时向苗床撒细土0.5cm厚。以弥缝保墒,防止苗根倒露。苗床要有充分的水供应,但又不能使土壤过湿。辣椒高度到5cm时就要给苗床通风炼苗,通风口要根据幼苗长势以及天气温度灵活掌握,在定植前10d可露天炼苗。幼苗长出3~4片真叶时进行移植。

4. 定植

在整地之后进行。种植地块要选择在近几年没有种植茄果蔬菜和黄瓜、黄烟的春白地。刚刚收过越冬菠菜的地块也不好。定植前7d左右,每亩地施用土杂肥5 000kg,过磷酸钙75kg,碳酸氢铵30kg作基肥。定植的方法有两种:畦栽和垄栽。主要是垄作双行密植。即垄距85~90cm,垄高15~17cm,垄沟宽33~35cm。施入沟肥,撒均匀即可定植。株距25~26cm,呈双行,小行距26~30cm。错埯栽植,形成大垄双行密植的格局。

5. 田间管理

苗期应蹲苗,进入结果期至盛果期,开始肥水齐攻。盛果期后旱浇涝排,保持适宜的土壤湿度。在定植15d后追磷肥10kg,尿素5kg,并结合中耕培土高10~13cm,以保护根系防止倒伏。进入盛果期后管理的重点是壮秧促果。要及时摘除门椒,防止果实坠落引起长势下衰。结合浇水施肥,每亩追施磷肥20kg,尿素5kg,并再次对根部培土。注意排水防涝。要结合喷施叶面肥和激素,以补充养分和预防病毒。

6. 及时采收

果实充分长大,皮色转浓绿,果皮变硬而有光泽时是商品性成熟的标志。

(二)辣椒的春提前保护地栽培

1. 育苗

选用早熟、丰产、株形紧凑、适于密植的品种是辣椒大棚栽培早熟的关键。可选用农乐、中椒 2 号、甜杂 2 号、津椒 3 号、早丰 1 号、早杂 2 号等。播种期一般在 1 月上旬至 2 月上旬。

2. 定植

在 4—5 月。可畦栽也可垄栽,双行定植。选择晴天上午定植。由于棚内高温高湿,辣椒大棚栽培密度不能太大,过密会引起徒长,光长秧不结果或落花,也易发生病害,造成减产。为便于通风,最好采用宽窄行相间栽培,即宽行距 66cm,窄行距 33cm,株距 30 ~ 33cm,每亩 4 000 穴左右,每穴双株。

3. 定植后的管理

定植时浇水不要太多,棚内白天温度 25 ~ 28℃,夜间以保温为主。过 4 ~ 5d 后,浇 1 次缓苗水,连续中耕 2 次,即可蹲苗。开花坐果前土壤不干不浇水,待第一层果实开始收获时,要供给大量的肥水,辣椒喜肥、耐肥,所以追肥很重要。多追有机肥,增施磷钾肥,有利于丰产并能提高果实品质。盛果期再追肥灌水 2 ~ 3 次。在撤除棚膜前应灌 1 次大水。此外还要及时培土,防倒伏。

4. 保花保果及植株调整

为提高大棚辣椒坐果率,可用生长素处理,保花保果效果较好。2,4 - D 用量为 15 ~ 20mg/kg。上午 10:00 以前抹花效果比较好。扣棚期间共处理 4 ~ 5 次。辣椒栽培不用搭架,也不需整枝打杈,但为防止倒伏对过于细弱的侧枝以及植株下部的老叶,可以疏剪,以节省养分,有利于通风透光。

第三节 青 椒

青椒系茄科辣椒属作物,属一年生或多年生草本植物,全国各地均有栽培,是我国传统的主要蔬菜。它营养丰富,含蛋白质、有机酸、维生素、色素、辣椒素和人体需要的钙、磷、铁等矿物质,有促进食欲,帮助消化等作用,它的维生素 C 含量很高。青椒嫩果与成熟果均可鲜食,还可腌渍、干制、磨酱、粉碎加工,冷冻脱水加工。要使青椒生产取得较好效益,必须先了解与生产直接有关的辣椒特性和对环境条件的要求。

一、青椒的特性

(1)青椒主根不发达,根量少,根群大多分布于 10~15cm 的表土层中,其根系既不耐旱,又不抗涝。根系再生能力比番茄、茄子弱。不耐浓肥。

(2)青椒的落花、落果及落叶(通称"三落")也往往容易发生,这是青椒生产上的一个重要问题,对产量影响很大。

"三落"的原因比较复杂。早春落花主要是由于低温影响了授粉及花粉管的伸长而造成;土壤和空气干旱,也是引起落花的原因;氮肥过多或不足、枝叶徒长、光照不足等因素直接影响营养生长与生殖生长的平衡而导致落花;高温干旱导致病毒病的发生、或是高温雨涝使根系吸收能力减弱、植株生理失调、还有病虫害(炭疽病、轮纹病、棉铃虫、夜蛾)等,引起大量"三落"。

二、青椒栽培技术

(一)品种选择

选用耐高温、抗病毒、生长势强、结果集中、果大肉厚、较耐寒的品种。青椒杂交种优势极为明显,提倡应用杂交牛角椒。

(二)播期及种子处理

1. 浸种催芽

播种前将种子用清水漂去秕子,搓洗净种子表面的黏液,捞出后放在 55～60℃的水中,不断搅拌,当水温降到 30～35℃时,停止搅拌,浸泡 5～6h 后捞出,摊开稍晾后,将种子放在 28～30℃温度下催芽,每天淘洗一次,略晾后继续催芽,经 3～4 天,有 50%～60% 的种子出芽时,即可播种。

2. 播期

虽然青椒的特性,超过 35℃易落花,但选择 7 月 10—15 日播种,风险是不大的,这样做利于青椒的营养生长与提高产量。从另一方面分析,青椒具有连续开花结果习性,即使门茄落花,对茄续之。从平均气温看,8 月下旬的 10d 中,前 5d 后 5d,历年分别是 26.9℃、26.6℃,9 月上旬历年平均气温是 25.3℃。青椒开花结果适宜 20～25℃,秋季一般来说,早晨与晚上比较凉爽,因此,8 月下旬、9 月上旬的气候,对青椒的开花结果是较为有利的。

(三)培育壮苗

播种时因为温度高、光照强、台风暴雨多,育苗必须在遮阴大棚内进行。采用营养土块或塑料钵直播育苗。一般以营养土块育苗较好,塑料钵育苗易失水与伴随出现高温。出苗后,适量补充水分,防止干旱,但要避免高温。适量追施速效肥,一般 0.5% 浓度的进口复合肥液泼浇。用百菌清、多菌灵、杀菌剂 600 倍液喷雾,防病害,叶片肥厚。叶色深绿,根系发达,无病虫害。

(四)田间管理

1. 定植

当苗高 10～15cm,有 6 片真叶时,便可定植。定植前一天浇透苗床,定植时切砣带土移栽,每砣双苗。青椒株形紧凑,合理密植潜力很大。密植还有利于植株早封行,使地表被覆盖遮阴,土温变化小,根系不易被暴晒,从而收到保根保棵、减轻病毒病的效果,因此应改稀植为合理密植,习惯亩栽 2 500～3 000 塘,可增加到亩栽 4 500 塘。田间布局上,为了便于操作管理和更好地争取边际效应(空间多的边缘植株可以增加挂果和促进优质),宜每墒两行,行距 60cm,缩小塘距为 25cm。实行间作也有利于减轻病毒病等病害的发生。

2. 幼苗期

从第一片真叶出现顶芽花蕾形成,需 50～60d 完成。此期植株生长缓慢,且对低温敏感。第一片真叶出现 2～3d,要控水控温,幼苗长至 6～7 片真叶时,施少量的尿素作提苗肥,促进幼苗茎叶生长,苗高时及时分苗。如环境条件和管理合理,则能培育出根系发达、茎粗短、叶绿的壮苗,为青椒开花结果和产量的形成打下良好的基础。

3. 水分管理

青椒在各个生育需水量不同,种子发芽需要吸收一定量的水分,所以催芽要浸泡种子;幼苗株植小,需水不同,土壤潮湿就行;移栽后,棵大,需水量增加;果实膨大期,如果水分不足,则会造成果面皱缩,弯曲,色泽黯淡,降低产量和质量。所以,在此期间供给足够的水分,是获得高产的重要措施。

4. 追肥

门椒坐住以后,结合浇水追一次肥,每亩追施尿素 15kg,进入盛果期,结合浇水每隔 20d 追肥一次,每次每亩施用磷酸二铵 15～20kg 和硫酸钾 10kg。结合喷药可用 0.2% 的磷酸二氢钾进行叶面追肥。

5. 整枝

门椒坐果后,将门椒以下的侧枝全部去掉,结果后期摘除植株底部的老叶、黄叶、病叶,并去掉无效枝。

第四节　茄　子

茄子原产于东南亚印度。在我国栽培历史悠久,分布很广,为夏、秋季的主要蔬菜。其品种资源极为丰富。

茄子的营养成分比较丰富。据分析,每100g可食部分含蛋白质 2.3g、脂肪 0.1g、碳水化合物 3g、钙 22mg、磷 31g、铁0.3mg 等。

一、植物学特征

茄子根系再生能力差,木栓化较早,不容易产生不定根,移栽后缓苗慢。所以,茄子在 2～3 片叶子时,就要带营养土移栽,进行根系保护。茄子的茎呈圆形,直立,较粗壮,紫色或绿色,因品种而异,株高 60～100cm,分枝多而有规则,基中带木质。

种子生在海绵组织的胎座中,每一果实有种子 500～1 000粒,种子千粒重4～5g。发芽力能保持3～5 年。

二、栽培技术

(一)整地作畦施基肥

茄子根系较发达,吸肥能力强,如要获得高产,宜选择肥沃而保肥力强的黏壤土栽培,不能与辣椒、番茄、马铃薯等茄科作物连作,要与茄科蔬菜轮作 3 年以上。在茄子定植前 15～20d,翻耕27～30cm 深,作成 1.3～1.7m 宽的畦。武汉地区也有作 3.3～4m 宽的高畦,在畦上开横行栽植。

茄子是高产耐肥作物,多施肥料对增产有显著效果。苗期多施磷肥,可以提早结果。结果期间,需氮肥较多,充足的钾肥可以增加产量。一般每亩施猪粪或人粪尿 2 000～2 500kg,有机肥3 500～4 000kg,过磷酸钙15～25kg,草木灰 50～100kg,在整地时与土壤混合,但也可以进行穴施。

（二）播种育苗

播种育苗的时间,要看各地气候、栽培目的与育苗设备来定。南昌地区一般在11月上中旬利用温床播种,用温床或冷床移植。如用工厂化育苗可在2月上中旬播种。播种前宜先浸种,播干种则发芽慢,且出苗不整齐。

茄子种子发芽的温度,一般要求在25～30℃。经催芽的种子播下后3～4d就可出土。茄子苗生长比番茄、辣椒都慢,所以需要较高的温度。育茄子苗的温床,宜多垫些酿热物,晴天日温应保持25～30℃,夜温不低于10℃。

苗床增施磷肥,可以促进幼苗生长及根系发育。幼苗生长初期,需间苗1～2次,保持苗距1～3cm,当苗长有3～4片真叶时移苗假植,此后施稀薄腐熟人粪尿2～3次,以培育壮苗。

（三）定植

茄子要求的温度比番茄、辣椒要高些,所以定植稍迟。南昌地区一般要到4月上中旬进行。为了使秧苗根系不受损伤。起苗前3～4h应将苗床浇透水,使根能多带土。定植要选在没有风的晴天下午进行。定植深度以表土与子叶节平齐为宜,栽后浇上定根水。

栽植的密度与产量有很大关系。早熟品种宜密些,中熟品种次之,晚熟品种的行株距可以适当放大。其次与施肥水平的关系也很大,即肥料多可以栽稀些;肥料少要密一点,这样能充分利用光能,提高产量。一般在80～100cm宽的小畦上栽两行。早熟品种的行株距为50cm×40cm,中晚熟品种为(70～80)cm×(43～50)cm。

（四）田间管理

（1）追肥。茄子是一种高产的喜肥作物,它以嫩果供食用,结果时间长,采收次数多,故需要较多的氮肥、钾肥。如果磷肥施用过多,会促使种子发育,以致籽多,果易老化,品质降低,所以生长期的合理追肥是保证茄子丰产的重要措施之一。定植成活后，每隔4~5d结合浇水施1次稀薄腐熟人粪尿，催起苗架。当根茄结牢后，要重施1次人粪尿，每亩1 500~2 500 kg。这次肥料对植株生长和以后产量关系很大，以后每采收1次，或隔10 d左右追施人粪尿或尿素1次。施肥时不要把肥料浇在叶片或果实上，否则会引起病害发生和影响光合作用的进行。

（2）排水与浇水。茄子既要水又怕涝，在雨季要注意清沟排水，发现田间积水，应立即排除，以防涝害及病害发生。

茄子叶面积大，蒸发水分多，不耐旱，所以需要较多的水分。如土壤中水分不足，则植株生长缓慢，落花多，结果少，已结的果亦果皮粗糙，品质差，宜保持80%的土壤湿度，干时灌溉能显著增产。灌溉方法有浇灌、沟灌两种。地势不平的以浇灌为主，土地平坦的可行沟灌。沟灌的水量以低于畦面10 cm为宜，切忌漫灌，灌水时间以清晨或傍晚为好，灌后及时把水排出。

在山区水源不足，浇灌有困难的地方，为了保持土壤中有适当的水分，还可采取用稻草、树叶覆盖畦面的方法，以减少土表水分蒸发。

（3）中耕除草和培土。茄子的中耕除草和追肥是同时进行的。中耕除草后，让土壤晒白后要及时追上稀薄人粪尿。中耕还能提高土温，促进幼苗生长，减少养分消耗。中耕中期可以深些，5~7 cm，后期宜浅些，约3 cm。当植株长到30 cm高时，中耕可结合培土，把沟中的土培到植株根际。对于植株高大的品种，要设立支柱，以防大风吹歪或折断。

（4）整枝、摘老叶。茄子的枝条生长及开花结果习性相当有规则，所以整枝工作不多。一般将靠近根部的过于繁密的3~4个侧枝除去。这样可免枝叶过多，增强通风，使果实发育良好，不利于病虫繁殖生长。但在生长强健的植株上，可以在主干第1花序下的叶腋留1~2条分枝，以增加同化面积及结果数目。

茄子的摘叶比较普遍，南昌、南京、上海、杭州、武汉等地的菜农认为摘叶有防止落花、果实腐烂和促进结果的作用。尤其在密植的情况下,为了早熟丰产,摘除一部分老叶,使通风透光良好,并便于喷药治虫。

(5)防止落花。茄子落花的原因很多,主要是光照微弱、土壤干燥、营养不足、温度过低及花器构造上有缺陷。

防止落花的方法:据南昌市蔬菜所试验,在茄子开花时,喷洒50mg/kg(即1ml溶液加水200g)的水溶性防落素效果很好。又据浙江大学农学院蔬菜教研室在杭州用藤茄做的试验说明,防止4月下旬的早期落花,可以用生长刺激剂处理,其方法是用30mg/kg的2,4-D点花。经处理后,防止了落花,并提早9d采收,增加了早期产量。

第五节 设施茄果类蔬菜病虫害及防治技术

一、番茄晚疫病

番茄晚疫病是番茄的重要病害之一,阴雨的年份发病重。该病除为害番茄外,还可为害马铃薯。

(一)症状

番茄晚疫病在番茄的整个生育期均可发生,幼苗、茎、叶和果实均可受害,以叶和青果受害最重。

(1)苗期。茎、叶上病斑黑褐色,常导致植株萎蔫、倒伏,潮湿时病部产生白霉。

(2)成株期。叶尖、叶缘发病较为多见,病斑水浸状不规则形,暗绿色或褐色,叶背病健交界处长出白霉,后整叶腐烂。茎秆的病斑条形,暗褐色。

(3)果实。青果发病居多,病果一般不变软;果实上病斑呈不规则形,边缘清晰,油浸状暗绿色或暗褐色至棕褐色,稍凹陷,空气潮湿时其上长少量白霉,随后果实迅速腐烂。

（二）防治方法

1. 种植抗病品种

抗病品种有圆红、渝红 2 号、中蔬 4 号、中蔬 5 号、佳红、中杂 4 号等。

2. 栽培管理

与非茄科作物实行 3 年以上轮作，合理密植，采用高畦种植，控制浇水，及时整枝打杈，摘除老叶，降低田间湿度。保护地应从苗期开始严格控制生态条件，尤其是防止高湿度条件出现。

3. 药剂防治

发现中心病株后应及时拔除并销毁重病株，摘除轻病株的病叶、病枝、病果，对中心病株周围的植株进行喷药保护，重点是中下部的叶片和果实。

药剂有 72.2% 普力克水剂 800 倍液、58% 甲霜灵锰锌可湿性粉剂 500 倍液、25% 瑞毒霉可湿性粉剂 800～1 000 倍液、64% 杀毒矾可湿性粉剂 500 倍液、50% 百菌清可湿性粉剂 400 倍液。7～10d 用药 1 次，连续用药 4～5 次。

二、番茄叶霉病

番茄叶霉病俗称"黑毛"，是棚室番茄常见病害和重要病害之一。在我国大部分番茄种植区均有发生，造成严重减产。以保护地番茄上发生严重。该病仅发生在番茄上。

（一）症状

主要为害叶片，严重时也可为害果实。叶片发病，正面为黄绿色、边缘不清晰的斑点，叶背初为白色霉层，后霉层变为紫褐色；发病严重时霉层布满叶背，叶片卷曲、干枯。果实发病，在果面上形成黑色不规则斑块，硬化凹陷，但不常见。

(二)防治方法

1. 采用抗病品种

如双抗 2 号、沈粉 3 号和佳红等,但要根据病菌生理小种的变化,及时更换品种。

2. 选用无病种或种子处理

52℃温水浸种 30min,晾干播种;2% 武夷霉素 150 倍液浸种;或每千克种子 2.5% 适乐时悬浮种衣剂 4~6ml 拌种。

3. 栽培管理

重病区与瓜类、豆类实行 3 年轮作;合理密植,及时整枝打杈,摘除病叶老叶,加强通风透光;施足有机肥,适当增施磷、钾肥,提高植株抗病力;雨季及时排水,保护地可采用双垄覆膜膜下灌水方式,降低空气湿度,抑制病害发生。

4. 药剂防治

保护地还可用 45% 百菌清烟剂每亩 250g 熏烟,或用 5% 百菌清、7% 叶霉净或 6.5% 甲霉灵粉尘剂每亩 1kg,8~10d 1 次,连续或交替轮换施用。

发病初期可用 10% 世高水分散颗粒剂 1 500~2 000 倍液、25% 阿米西达 1 500~2 000 倍液、50% 扑海因可湿性粉剂 1 500 倍液、47% 加瑞农可湿性粉剂 800 倍液、2% 武夷霉素 150 倍液、60% 多防霉宝超微粉 6 500 倍液、75% 百菌清可湿性粉剂 600 倍液、50% 多硫胶悬剂 700~800 倍液喷雾,每隔 7d 喷 1 次,连喷续 3 次。

三、番茄青枯病

番茄青枯病又名番茄细菌性枯萎病。寄主为番茄、辣椒、茄子、马铃薯、烟草、芝麻、花生等。高温多湿季节的重要病害,发病突然。温棚栽培主要为害秋后或秋冬茬栽培番茄。青枯病发病急,蔓延快,发生严重时会造成植株成片死亡,使番茄严重减产,甚至绝收。热带、亚热带地区均有发生。

近年来,随着农业种植业结构的调整,蔬菜种植面积扩大,复种指数连年提高,番茄青枯病的发生与为害呈逐年加重的趋势。据调查,轻病田减产10%,重病田减产50%以上,因此应高度重视,及时防治。

(一)症状

青枯病在番茄苗期就有侵染,但不发生症状。一般在开花期前后开始发病,发病时,多从番茄植株顶端叶片开始表现病状,发病初期叶片色泽变淡,呈萎蔫状,中午前后更为明显,傍晚后即可逐渐恢复,日出后气温升高,病株又开始萎蔫,反复多日后,萎蔫症状加剧,最后整株呈青枯状枯死,茎叶仍保持绿叶,叶很少黄化,部分叶片可脱落,下部病茎皮粗糙,常发生不定根。斜剖病茎可见维管束变褐,稍加挤压有白色黏液渗出。在发病植株上取病茎一段,放在室内一个晚上可见菌脓从伤口流出;或放在装有清水的透明玻璃中,有菌浓从茎中流出,经过一段时间后可见清水变乳白色浑浊状。

(二)防治方法

1. 农业防治

(1)轮作。番茄与禾本科、十字花科、百合科以及瓜类作物进行2～3年以上轮作,与水稻等作物进行水旱轮作效果最为理想。不能与茄子、辣椒、马铃薯、花生以及豆科作物在同一块地上连作。

(2)施用生石灰,调整pH值。每亩大田用150～200kg生石灰进行撒施,使土壤呈酸性,恶化病菌生存环境。

(3)加强田间管理。推广高畦种植,开好三沟,做到厢沟、中沟和围沟相通,排灌方便,多施腐熟有机肥,做到氮、磷、钾配合,提高植株抗病能力。

2. 化学防治

（1）消灭地下害虫及线虫。在地下害虫为害猖獗和番茄根结线虫发生严重的地块，要消灭地下害虫和线虫，减少害虫及线虫对根部的伤害，避免病菌侵染。每亩施3%辛硫磷颗粒剂2kg于土壤中，即可防治；或在植株移栽后用阿维菌素溶液进行淋蔸。

（2）石灰氮土消毒法。石灰氮化学名氰氨化钙，商品名圣泰土壤净化剂、龙宝，俗名黑肥。石灰氮是药肥两用的土壤杀菌剂，石灰氮本身是碱性，可调节土壤 pH 值，施入土壤中遇水产生的氰胺、双氰胺是很好的杀菌剂；同时，石灰氮又是缓释氮肥，含氮20%左右，含钙42%～50%，施入土壤后，由于钙元素的增加，改善了土壤的团粒结构。石灰氮施入土壤后可有效地杀灭土壤中真菌性病害、细菌性病害、根结线虫病及其他土中害虫，同时可缓解土壤板结、酸化，效果十分显著。施用方法：7—8 月，在高温条件下，在水稻收获后，先将大田翻犁并将泥土打碎、起沟，亩用65kg 左右石灰氮与下茬作物需用的有机肥一起施入沟内，然后将沟两边耕作层泥土回填盖在沟上并使之成垄，然后用地膜覆盖并封严，最后灌水使土壤湿润，闷 15～20d，揭膜晾 5～7d 后，可直接栽植下茬作物，不需要再施其他肥料。

（3）药剂灌根。

方法一：每亩用青枯溃疡灵2 包、敌克松5 包、农用链霉素30包，多菌灵2 包、盐6 包，对水 1 000～1 200kg 进行灌施，每 7～10d 1 次，连灌 2～3 次，效果较好。

方法二：77% 可杀得 101 微粉粒 600 倍液或抗菌剂"401" 500倍液灌蔸或 1：1：200 倍波尔多液灌蔸；或用72% 农用链霉素可溶性粉剂2 500倍液和30% 氧氯化铜 800 倍液灌根；或用特效杀菌王 2 000倍液、敌克松400 倍液、青枯散 600 倍液灌根。

模块六　设施瓜类蔬菜生产技术

第一节　黄　瓜

一、春季大棚栽培技术

（一）播种育苗

1. 品种选择

选用早熟、丰产、优质、抗病性强、商品性好的品种。华南型黄瓜品种有申青1号、南杂2号、宝杂2号等,华北型黄瓜品种有津优1号、津春4号、津春5号、津绿4号等,欧洲光皮型黄瓜有申绿03、碧玉2号、春秋王等。

2. 播种期

上海地区大棚春黄瓜一般在1月上中旬播种,早熟栽培的可提前至上一年12月上旬左右,播种在大棚内进行。

3. 营养土配制

播种育苗前需进行营养土配制,一般按体积配比,菜园土(3年以上未种植过瓜类作物)6份、充分腐熟的有机肥(可采用精制商品有机肥)3份、砻糠灰1份,按总重量的0.05%投入50%多菌灵可湿性粉剂,充分拌匀后密闭24h,晾开堆放7~10d,待用。

4. 种子处理

先用清水浸润种子,再放入55℃的温水烫种,水量是种子的4~5倍,不断搅拌,10~15min后捞出用清水冲洗,去杂去瘪。

5. 营养钵电加温线育苗

选择排灌方便、土壤疏松肥沃的大棚地块。苗床播种前 1 个月深翻晒白。整平苗床后,按 80 ~ 100W/m² 铺电加温线。

选择直径 8cm 的塑料营养钵,装入营养土,排列于已铺电加温线的苗床上。播种前一天,营养钵浇足底水。选择饱满的种子,每营养钵播种 1 粒,轻浇水,再用营养土盖籽,厚度 0.5 ~ 1cm。然后盖地膜、搭小环棚,做好防霜冻工作。

播种至种子破土,白天保持小环棚内 28 ~ 30℃,夜间 25℃。破土后揭去营养钵上的地膜,保持白天 25 ~ 28℃,夜间 20℃、不低于 15℃。齐苗后土壤含水量保持在 70% ~ 80%。

6. 苗期管理

整个苗期以防寒保暖为主,白天多见阳光,夜间加强小环棚覆盖,白天 20 ~ 25℃,夜间 13 ~ 15℃。苗期以控水为主,追肥以叶面肥为宜,应在晴天中午进行,并掌握低浓度。

定植前 7d 逐渐降低苗床温度,白天 15℃,夜间 10℃。

壮苗标准为子叶平展、有光泽,茎粗 0.5cm 以上,节间长度不超过 3 ~ 4cm,株高 10cm,4 叶 1 心,子叶完整无损,叶色深绿,无病虫害,苗龄 35 ~ 40d。

(二)定植前准备

1. 整地作畦

选择 3 年以上未种过瓜类作物,地势高爽,排灌两便的大棚。施足基肥后进行旋耕,深度 20 ~ 25cm,旋耕后平整土地。一般 6m 跨度大棚作 4 畦,畦高 25cm,畦宽 1.1m,沟宽 30cm,沟深 20 ~ 25cm。整平畦面后覆盖地膜,将膜绷紧铺平后四边用泥土压埋严实。

2. 施基肥

每亩施充分腐熟的农家肥料 4 000kg,25% 蔬菜专用复合肥 50kg 或 45% 专用配方肥(N：P_2O_5：K_2O = 15：15：15)25 ~

30kg,撒施于土表后进行充分旋耕。

(三)定植

1. 定植时间

苗龄 35～40d、大棚内保持最低土温 8℃以上、最低气温 10℃以上时,即可定植,一般在 2 月下旬至 3 月初,早熟栽培可提前至 1 月下旬定植。

2. 定植方法

选择冷尾暖头天气的晴天中午进行。用打洞器或移栽刀开挖定植穴,定植前穴内浇适量水后栽苗,定植时脱去营养钵体起苗,注意不要弄散营养土块。定植时营养土块与畦面相平为宜,每畦种 2 行,用土壅根,浇定根水,定植孔用土密封严实,防止膜下热气外溢,灼伤下部叶片,同时,有利于提高地温,保持土壤水分。定植完毕后搭好小环棚、盖好薄膜,夜间寒冷时需加盖保暖物,如无纺布等。

3. 定植密度

定植株距为 33cm 左右,每亩定植 2 500 株左右。

(四)田间管理

1. 温光调控

(1)定植至缓苗期。定植后 5～7d 基本不通风,保持白天 25～28℃,晚上不低于 15℃。

(2)缓苗至采收。以提高温度,增加光照,促进发根、发棵,控制病虫害的发生为主要目标。管理措施以小环棚及覆盖物的揭盖为主要调节手段。缓苗后,晴天白天以不超过 25℃为宜,夜间维持在 10～12℃,阴天白天 20℃左右,夜间 8～10℃,尽量保持昼夜温差在 8℃以上。晴天应及时揭除覆盖物,下午在室内气温下降到 18～20℃时应及时覆盖。室温超过 30℃以上,应立即通风。如室内连续降至 5℃以下时应采取辅助加温措施。

（3）采收期。进入采收期后,保持白天温度不低于20℃,以25～30℃时黄瓜果实生长最快。

2. 植株整理

（1）搭架。在黄瓜抽蔓后及时搭架,可搭"人"字形架或平行架,也可用绳牵引,用绳牵引的要在大棚上拉好铁丝,准备好尼龙绳,制作好生长架。

（2）整枝。及时摘除侧枝。10节以下侧枝全部摘除,其他可留2叶摘心,生长后期将植株下部的病叶、老叶及摘除,以加强植株通风透光,提高植株抗逆性。整枝摘叶需在晴天上午10:00以后进行,阴雨天一般不整枝。整枝后为避免整枝处感染,可喷施药剂进行保护。

（3）引蔓。黄瓜抽蔓后及时绑蔓,第一次绑蔓在植株高30～35cm时,以后每3～4节绑一次蔓。绑蔓一般在下午进行,避免发生断蔓。当主蔓满架后及时摘心,促生子蔓和回头瓜。用绳牵引的要顺时针向上牵引,避免折断瓜蔓。当主蔓到达牵引绳上部时,可将绳放下后再向上牵引。

3. 肥水管理

（1）追肥。

①定植至采收:定植后根据植株生长情况,追肥1～2次。第一次可在定植后7～10d施提苗肥,每亩施尿素2.5kg左右或有机液肥如氨基酸液肥、赐保康每亩施0.2kg;第二次在抽蔓至开花,每亩施尿素5～10kg,促进抽蔓和开花结果。

②采收期:进入采收期后,肥水应掌握轻浇、勤浇的原则,施肥量先轻后重。视植株生长情况和采收情况,由每次每亩追施三元复合肥（N:P_2O_5:K_2O=15:15:15）5kg逐渐增加到15kg。

（2）水分管理。黄瓜需水量大且不耐涝。幼苗期需水量小,此时土壤湿度过大,容易引起烂根;进入开花结果期后,需水量大,在此时如不及时供水或供水不足,会严重影响果实生长和削弱结果能力。因此,在田间管理上需保持土壤湿润,干旱时及时灌溉,可采用浇灌、滴灌、沟灌等方式,避免急灌、大灌和漫灌,沟灌后要及时排出沟内水分,以免引起烂根。

(五)采收

保护地黄瓜需及时采收,前期要适当带小采收,尤其是根瓜应及早采收,以免影响蔓、叶和后续瓜的生长。一般采收前期每瓜 100 ~ 150g,每隔 3 ~ 4d 采收 1 次,中期 150 ~ 200g,每隔 1 ~ 2d 采收 1 次,后期根据市场需求可适当留大。

(六)包装

用于鲜销的黄瓜为了提高价值,应包装后上市销售。用于包装的黄瓜应符合相关产品标准规定的质量要求,具备以下特征:黄瓜完整无损、无任何可见杂质、外观新鲜、硬实表面无水珠、无异常气味和口味、黄瓜籽柔嫩而未发育、不皱缩、不萎蔫、不呈现过熟的淡黄色或黄色。

包装材料应使用国家允许使用的材料,推荐用薄膜或玻璃纸单独进行包装,包装后应贴上标签。包装容器应整洁、干燥、牢固、美观、无污染、无异味,内壁无尖突物,无虫蛀、腐烂、霉变。

二、夏秋栽培技术

(一)品种选择

夏秋黄瓜品种如选用不当,会严重影响产量。夏秋期间温度高,病虫为害多,宜选用耐热、抗病的品种。又因夏季日照长,在长日照下栽培黄瓜,还需选用对光照反应不敏感的品种,以免雌花减少,降低产量。黄瓜是短日照蔬菜,一般春黄瓜品种在春播短日照的条件下可促进雌花的形成,但如延迟到夏秋播种,在长日照的环境下就会产生枝叶繁茂,雌花少而雄花多,只开花不结瓜的现象,所以一般春黄瓜品种不宜作夏秋黄瓜栽培。上海地区夏秋黄瓜一般选用津研系列类型的黄瓜,如夏黄瓜可选用清凉夏季、津杂 2 号等,秋黄瓜可选用津研黄瓜如津研 4 号、津研 5 号、津研 7 号、长光落合、立秋落合等。近几年上海地区种植较多的申青 1 号黄瓜,在夏秋种植时需使用植物生长调节剂进行处理。

(二)播种时期

夏黄瓜一般在 6 月中旬至 6 月下旬分批播种,秋黄瓜一般在 7 月上旬播种。黄瓜分批播种,一直可播到 8 月,若管棚黄瓜一直可播到 8 月下旬至 9 月初。夏秋黄瓜可直播、也可采用育苗移栽。育苗一般采用穴盘快速育苗。

(三)穴盘育苗

上海夏秋季节气温高,多暴雨及台风,自然灾害频繁,为确保夏秋黄瓜丰产、丰收,育苗应在塑料管棚内进行。

1. 营养土配制

可采用菜园土(3 年以上未种植过瓜类作物):充分腐熟的有机肥 =5:5;或采用草炭土:珍珠岩:煤渣为 6:2:2 的比例配制营养基质,并按基质总重量的 3‰~5‰ 投入三元复合肥(N：P_2O_5：K_2O =15:15:15)充分拌匀。营养土或营养基质按总重量的 0.5‰。投入 25% 多菌灵可湿性粉剂(1.2%~1.5% 水溶液喷湿基质后闷 24h),晾开堆放 7~10d,待用。

2. 装盘浇水

采用 50 穴或 72 穴育苗盘进行消毒后,将营养土或营养基质充填于育苗盘内,进行压实,使营养土或营养基质面略低于盘口。将已充填基质的育苗盘搁置于"搁盘架"上,在播种前 4h 左右浇足水分(以盘底滴水孔渗水为宜)。

3. 播种

采用人工点播或机械播种,每穴 1 粒种子,播种深度为 2~3mm。用基质把播种后留下的小孔盖平,补足水分(以盘底滴水孔渗水为宜)。在育苗盘上盖两层遮阳网,以利于保持水分。

4. 苗期管理

播种后 2d 左右,出苗达到 30%~35% 时应及时揭去遮阳网,在光照较强的中午应在小拱棚上覆盖遮阳网,以利降温。根据秧苗生长情况及时补充水分,高温季节要求傍晚或清晨进行均匀喷雾(以盘底滴水孔渗水为宜)。

出苗前,棚内温度控制在 28 ~ 30℃;出苗后,温度调控在25℃左右。在温度允许的情况下,应尽可能增加秧苗的光照时间,促使秧苗苗壮生长。

(四)定植前准备

1. 整地作畦

选择 3 年以上未种过瓜类作物,地势高爽,排灌两便的大棚。

2. 施基肥

每亩施有机肥 2 000kg 和 25% 蔬菜专用复合肥 30kg,撒施均匀后进行旋耕,作畦同春季大棚栽培。

(五)定植

直播的黄瓜,播种前将种子浸泡 3 ~ 4h,播后用遮阳网、麦秆、稻草等覆盖,降低土温,保持水分,防雷阵雨造成土壤板结,以利出苗。出苗后在子叶期间苗、移苗及补苗。

穴盘育苗移栽的,应进行小苗移栽,在两片子叶平展后即可定植。定植应在傍晚进行,每畦种两行,株距 35cm,每亩 2 000 ~ 2 200 株。定植后随浇搭根水,第 2 天进行复水。定植后应使用遮阳网覆盖,提高秧苗素质,为高产优质打好基础。

(六)田间管理

由于气温高,夏秋黄瓜蒸腾作用旺盛,需大量水分,因此必须加强肥水管理。必要时进行沟灌,但忌满畦漫灌,夜间沟灌后要及时排去积水。黄瓜生长至 20cm 左右时应及时制作生长架。可采用搭架栽培,也可采用吊蔓栽培,及时引蔓、绑蔓和整枝,生长中后期要及时摘除中下部病叶、老叶。采收阶段要追肥,采用"少吃多餐"的方法,即追肥次数可以多一些,但浓度要淡一些,每次施肥量少一点,有利黄瓜吸收。同时,要加强清沟、理沟,及时做好开沟排水和除草工作。

（七）采收

夏秋黄瓜从播种至开始采收,时间短。夏黄瓜结果期正处于高温季节,果实生长快,容易老,要及早采收。秋黄瓜、秋延后大棚黄瓜,到后期秋凉时果实生长转慢,要根据果实生长及市场状况适时采收。

第二节　西葫芦

一、对环境条件要求

西葫芦喜温暖而干燥的气候条件。种子发芽的适温为 25～30℃,生长发育的适温为 15～29℃,开花坐果的适温为 22～25℃。西葫芦属短日照蔬菜,低温短日照能促进雌花形成,但还是需要充足的光照。它对土壤条件要求不甚严格,宜选用土层深厚,疏松而肥沃的土壤。西葫芦吸肥能力强,故栽培上应施入充足的基肥。

二、露地地膜覆盖栽培

（一）栽培季节

春季露地栽培4月中旬播种育苗,5月上中旬定植或4月中下旬直播,5月下旬至6月上旬采收。

夏秋露地栽培6月下旬至7月上旬播种育苗,7月上中旬定植或7月中旬直播,8月中下旬采收。

（二）品种选择

选择抗病、优质、高产、商品性好、符合市场消费习惯的品种,主要有凯旋2号、双丰2号、百利等。

(三)栽培技术

1. 整地作畦施肥

西葫芦不宜连作,应进行 2～3 年的轮作。头年秋季前作收获后,犁田晒地,灌好冬水,冬春耙耱。翌年 3 月上中旬,每亩施入腐熟有机肥 5 000～6 000kg,磷酸二铵 20kg,过磷酸钙 50kg,硫酸钾 15kg。基肥施入后深翻土地,耙碎土块,整平地面作畦,畦高 15～20cm、宽 140cm、沟宽 30cm,或作高 20～25cm、宽 60cm、沟宽 30cm 的高垄。

2. 定植(直播)

(1)定植(直播)时间。春季栽培的在 5 月上中旬定植或 4 月中下旬直播,夏季栽培的在 7 月上中旬定植或直播。

(2)定植(直播)方法。春季栽培,定植前 2d 苗床浇透水,选择晴天上午定植,定植时先铺好地膜,按株距在畦面上打孔或挖穴,每畦栽两行,将苗栽入后覆细湿土,栽完后浇水。采用直播的,先在畦上铺好地膜,按株距打孔或挖穴,穴深 6～7cm,直径 4～5cm,穴内浇水,水下渗后,将出芽的种子播入 1 粒,胚根朝下,覆盖过筛湿细土。或先在畦面打孔浇水,水下渗后播种覆土,再覆盖地膜。高垄栽培的,每垄播种或定植一行。夏季栽培可直播或育苗移栽。

(3)定植(直播)密度。高畦栽培,一般行距 85cm,株距 50cm,每亩栽苗 1 500 株左右;高垄栽培,一般行距 80cm,株距 50cm,每亩栽苗 1 600 株。

3. 田间管理

播种后(定植后)至结瓜前。先播种后覆膜的,幼苗出土后气温升高时在幼苗上方将地膜划一"十"字形洞口通风,以防高温灼伤幼苗。晚霜过后,从地膜开口处将秧苗挪出膜外,并将洞穴填平,植株四周地膜裂口用土压住,防止被风吹毁。瓜苗出土后,遇有寒流侵袭时注意防霜冻。

（1）追肥灌水。定植后或出苗以蹲苗为主。当田间植株有90%以上坐瓜后，瓜有 0.25kg 重时，开始追肥灌水，每亩追施尿素 15～20kg、钾肥 10kg。结瓜盛期，每 15～20d 追肥一次，肥料用量、种类与第一次相同。大量采收期，要保持土壤湿润，每 7～10d 灌水一次，每次灌水应在采瓜前 2～3d 进行，夏季灌水应在早晚进行，水量不宜过大。生长中后期，喷施叶面宝或 0.2%磷酸二氢钾水溶液或尿素作叶面肥，10d 一次，防止早衰。

（2）中耕除草、打老叶、疏花疏果。定植缓苗或直播出苗后，在畦（垄）沟内中耕松土，清除杂草，边松土边打碎土坷垃，拍实保墒，一般进行 2～3 次，及时摘除病叶、老叶、畸形瓜，雌花太多要进行疏花疏果。

（3）保花保果。西葫芦属异花授粉作物，所以雌花开放必须进行人工授粉，防止雌花脱落。人工授粉在上午 9:00～10:00 时进行，方法：将当天开放的雄花的花药摘下，插入雌花的柱头内，雄花少时，每朵雄花可授 2～3 朵雌花。如果雄花不足，可用丰产剂 2 号或防落素涂抹雌花柱头，亦可防止落花落瓜。

三、中小拱棚栽培

（一）栽培季节

3 月上旬播种育苗，3 月下旬至 4 月上旬定植，5 月中旬采收。

（二）品种选择

品种主要有凯旋 2 号、双丰 2 号、百利等。

（三）栽培技术

1. 整地作畦施肥

头年前作物收获后，清洁地块，秋耕晒垡，灌好冬水。翌年 2 月中下旬扣膜暖地。头年秋耕前或次年春覆膜前，每亩施腐熟有机肥 5 000～7 000kg，磷酸二铵 25kg 或油饼 25kg，硫酸钾 20kg，过磷酸钙40kg。基肥施入地化冻后,深翻晒地,定植前耙碎土地,整平地面作垄,垄高20～25cm、宽60cm、沟宽30～40cm、垄距80cm,或作高畦,畦宽1.2m、高20～25cm、沟宽40cm。

2. 定植

(1)定植时间。4月上旬定植。

(2)定植方法。选晴天上午,定植时先铺地膜,按50cm株距在畦面上打孔,高畦每畦栽两行,高垄每垄栽一行,将苗栽入后覆土,再顺畦(垄)沟灌水,水量以离畦(垄)面10cm为宜。

(3)定植密度。一般行距80cm,株距50cm,每亩栽苗1 600株左右。

3. 田间管理

(1)追肥灌水。定植后以蹲苗为主,一般不灌水。当田间90%以上植株坐瓜后,结合追肥开始灌水,每亩施尿素20kg。结瓜盛期10d左右灌水一次,每15～20d追肥一次,肥料用量、种类与第一次相同。生长到中后期,喷施叶面宝或0.2%磷酸二氢钾水溶液或尿素作叶面肥,10d一次,防止早衰。

(2)温、湿度管理。定植后,要密闭保温,促进缓苗,白天温度保持在30～32℃,最高不超过35℃,相对湿度维持在80%～85%。缓苗后到结瓜前,要适当放风,降低棚温,白天温度为25～29℃。5月下旬以后,白天要揭开底边大通风,相对湿度维持在50%～60%。6月中旬以后,要日夜通风。7月上旬可揭膜。

(3)中耕、除草、打老叶、疏果。定植缓苗后,在畦(垄)沟内中耕松土,清除杂草,灌水前一般进行2～3次,并及时摘除病叶、老叶及畸形瓜,疏去过多的雌花。

(4)保花保果。每天上午9:00～10:00时,将当天开放的雄花的花药摘下,插入雌花的柱头内,雄花少时,每朵雄花可授2～3朵雌花,或用丰产剂2号或防落素涂抹雌花柱头,可防止落花落瓜。

4. 采收

一般5月中旬采收。

四、日光温室栽培

(一)秋冬茬栽培

1. 栽培季节

8月中旬育苗,9月上旬定植,10月中下旬上市。

2. 品种选择

品种主要有凯旋7号、冬玉、百利等。

3. 栽培技术

(1)整地作畦施肥。前作收获后,温室应伏泡伏晒休闲。耕定植前高温闷棚消毒,然后每亩施入腐熟有机肥4 000~5 000kg,过磷酸钙40kg,磷酸二铵30kg,硫酸钾15kg,开沟施入畦底。基肥施入后翻地,耙碎土块,整平地面作高畦,畦高15cm、宽120cm、沟宽30cm,或做成宽60cm、高20cm、沟宽40cm的高垄栽培。

(2)定植。

①定植时间:8月中旬直播或9月中旬定植。②定植方法:育苗移栽的,定植时先铺地膜,在畦面上按50cm株距打孔,每畦栽两行;高垄栽培的,每垄一行,栽完后浇水,并顺畦(垄)沟灌一水。直播的,按50cm株距打孔,浇水后将出芽的种子播入,胚根朝下,覆盖过筛湿细土,然后覆盖地膜。③定植密度:一般行距80cm,株距50cm,每亩栽苗1 600株左右。

(3)田间管理。

①追肥灌水:定植后到坐瓜前,一般不浇水,以控水蹲苗为主。90%以上植株坐瓜后,结合追肥开始灌水,每亩施尿素20kg。结瓜盛期,10d左右浇水一次。11月以后,气候变冷不宜浇明水,可采用滴灌或膜下暗灌,而且灌水要选晴天上午进行。

每15～20d追肥一次。②温、湿度管理:秋冬茬西葫芦在播种时气温尚高,一般4～5d即可出苗,要注意防雨和适当遮阳。定植后(9月中旬),露地气温开始下降,要及时在温室上覆盖薄膜,覆膜后的温、湿度管理是白天保持20～25℃,夜晚14℃,室内相对湿度控制在60%～70%。同时,根据温度高低进行通风换气。③保花保果:雌花开放,应每天上午进行人工授粉或用激素处理雌花柱头。

(4)采收。10月中下旬采收。

(二)冬春茬、春茬栽培

1.栽培季节

冬春茬栽培10月中下旬播种育苗,11月中旬定植,12月下旬上市。春茬栽培12月中下旬至翌年1月上旬定植,2月下旬至3月上旬上市。

2.品种选择

品种主要有凯旋7号、冬玉、百利、阿多尼斯、9805等。

3.栽培技术

(1)整地作畦施肥。西葫芦不宜和瓜类连作,应轮作2～3年,前作收获后,清洁地块,进行土壤和温室消毒。整地前每亩施入腐熟有机肥5 000～7 000kg,磷酸二铵40kg,过磷酸钙50kg,硫酸钾15kg。基肥施入后,翻耕耙糖平整作畦,畦宽1.0～1.2m,在畦中间作一深15cm、宽20cm的灌水沟,进行膜下暗灌,畦高20～25cm、沟宽40cm。

(2)定植。

①定植时间:冬春茬栽培的在11月中旬定植,春茬栽培的在1月上中旬定植,应选择晴天上午定植。②定植方法:定植时先铺好地膜,按行株距在畦面上打孔,每畦栽两行,将苗栽入后覆细土、灌水,栽完后顺畦沟灌水。③定植密度:一般行距80cm,株距50cm,每亩栽苗1 600株左右。

（3）田间管理。

①追肥灌水：定植后至缓苗前进行蹲苗。90％以上植株坐瓜后，灌水追肥，每亩施尿素 20kg 或磷酸二铵 15kg。结瓜盛期，15～20d 追肥一次，用量与第一次相同。冬春气候寒冷，宜在晴天上午采用膜下暗灌或滴灌，水量不宜过大，在采瓜前 2～3d 进行，之后视瓜秧长相、天气情况，每 7～10d 灌水一次。冬春季节气温低，通风少，室内 CO_2 欠缺，结瓜期可进行 CO_2 施肥，具体方法可参考黄瓜一节。②温、湿度及光照管理：定植后到缓苗前，要密闭保温，白天温度保持在 30～32℃，夜间 15～20℃。缓苗后，开始通风降温降湿，白天保持 20～25℃，夜晚 14℃，室内相对湿度控制在 70％～75％。结瓜期，白天室温保持在 25℃，夜晚15℃，相对湿度60％。缓苗后在后墙张挂反光膜，增加室内光照，一般在 11 月下旬至翌年 3 月下旬增产效果最明显。③保花保果、吊蔓：西葫芦属雌雄异花作物，因无传粉媒介必须进行人工授粉，将当天早晨开放的雄花的花药摘下，插入雌花的柱头内，雄花少时，每朵雄花可授 2～3 朵雌花，或用丰产剂 2 号、防落素涂抹雌花柱头。同时，瓜秧长到 60～70cm 高时，开始吊蔓，方法同黄瓜。

（4）采收。冬春茬栽培的在 12 月下旬采收，春茬栽培的在 2 月下旬至 3 月上旬采收。

第三节　苦　瓜

苦瓜别名锦荔枝、癞葡萄、癞蛤蟆、凉瓜等，是秋冬淡季的理想蔬菜品种。

一、生物学特性

苦瓜的根系较发达，喜湿，不耐涝。茎较细，分枝力较强。叶为掌状浅裂或深裂叶，绿色，光滑无毛。花单生。第一雌花的着生节位因品种而异,一般在主蔓 8~20 节发生,侧蔓 1~2 节即生雌花,以后每隔 3~7 节再生雌花。果实形状依品种而异,一般为纺锤形,果面有许多瘤状凸起。嫩果为肝绿色或浅绿白色,老熟后呈橙红色,易裂开,内部果瓤鲜红色,有甜味。种子皮较厚,表面有花纹,一般单果含种子 20~30 粒,千粒重150~180g。

二、品种

中国苦瓜的资源,以长江以南地区为多。主要品种有大顶苦瓜、滑身苦瓜、杨子洲苦瓜、白苦瓜、槟城苦瓜。

三、栽培技术

1. 播种育苗

苦瓜一般在春、夏两季栽培。北方地区于 3 月底、4 月初在阳畦或温室育苗。苦瓜种皮较厚,播种前要浸种催芽,先用清水将种子洗干净,在 50℃ 左右的温水中浸 10min,并不断搅拌。然后再放在清水中浸泡 12h,最好每隔 4~5h 换一次水。用湿布包好,放在 28~33℃ 的地方催芽,每天用清水把种子清洗一次,以防种子表面发霉,2~3d 后,部分种子可开始发芽,便可拣出先行播种,尚未出芽的种子可继续催芽。温度低于 20℃ 发芽缓慢,13℃ 以下则发芽困难。苗期 30~40d,立夏节前后即可定植。

2. 整地施基肥

栽培苦瓜要选择地势高、排灌方便、土质肥沃的泥质土为宜,前茬作物最好是水稻田,忌与瓜类蔬菜连作。播前耕翻晒垡,整地作畦。每亩要施入基肥(腐熟的土杂肥)1 500~2 000kg,过磷酸钙30~35kg。

3. 适当密植

苦瓜苗长出 3~4 片真叶时,可选择晴天的下午定植。行距×株距为 65cm×30cm,一般密度 2 000~2 250株/亩。定植不可过深,因为苦瓜幼苗较纤弱,栽深易造成根腐烂而引起死苗,定植后要浇定苗水,促使其缓苗快。

4. 田间管理

(1)合理施肥。苦瓜耐肥不耐瘠,充足的肥料是丰产的基础。苦瓜蔓叶茂盛,生长期较长,结果多,所以对水肥的要求较高。除施足基肥外,注意对氮、钾肥应合理搭配,避免偏施氮肥。在苦瓜第一片真叶期开始追肥,施尿素 1～1.5kg/亩,以后每隔7～10d 追肥一次。

(2)搭架引蔓。苦瓜主蔓长,侧蔓繁茂,需要搭架引蔓,架形可采用"人"字形。引蔓时注意斜向横引。苦瓜距离地面 50cm以下的侧蔓结瓜甚少,应及时摘除,在半架处侧蔓如生长过密,也应适当摘除一些弱芽,使养分集中,以发挥主蔓结果优势。或主蔓长至 1m 时摘心,留两条强壮的侧蔓结果。整个生长期要适当剪除细弱的侧蔓及过密的衰老黄叶,使之通风透光,增强光合作用,防止植株早衰,延长采收期。

(3)水分的调节。春播的苦瓜幼苗期要控制水分,使其组织坚实,增强抗寒能力。5—6 月雨水多时,应及时排除积水,防止地坪过湿,引起烂根发病。夏季高温季节,晴天要注意灌水,地面最好覆盖稻草,降温保湿。

5. 采收

苦瓜采收适宜的标准是,瓜角瘤状物变粗、瘤沟变浅、尖端变为平滑、皮色由暗绿变为鲜绿,并有光泽的要及时采收上市。一般产量在1 500～2 000kg/亩。

第四节　丝　瓜

丝瓜原产于印度,为一年生草本植物,属葫芦科丝瓜属。丝瓜含有丰富的营养,每 100g 嫩瓜含水 93～95g,蛋白质 0.8～1.6g,碳水化合物 2.9～4.5g,维生素 A 的含量为 0.32g,维生素 C 的含量为 8mg,它所提供的热量在瓜类中仅次于南瓜列第二。丝瓜性味甘苦,有清暑凉血、解毒通便、去风化痰、润肌美容、通经络、行血脉、下乳汁等功效,其络、籽、藤、叶均可入药。

由于丝瓜瓜肉柔嫩、味道清香,而且适应性强,易于栽培,用途广,历来受到人们的喜爱。随着保护地蔬菜栽培技术的推广,丝瓜由夏季生产扩大到常年生产,成为周年上市的蔬菜品种之一。

一、丝瓜栽培的生物学基础

(一)形态特征

1. 根

丝瓜是一年生攀援性草本植物,根系发达,吸收肥水能力强,主根入土可达 1m 以上,但一般分布在 30cm 的耕层土壤中。

2. 茎

茎蔓生,呈五菱形,绿色,分枝力极强,每节有卷须。瓜蔓善攀缘,主蔓长达 15m 以上。

3. 叶

叶片呈心脏形或掌状裂叶,浓绿色。

4. 花

花黄色,雌雄异花同株,自第一朵雌花出现后,以后每节都能着生雌花,但成瓜的比例因肥水、管理等因素大不相同。雄花为总状花序,每个叶腋都能着生雄花,为了防止雄花消耗更多的营养,生产上常将雄花摘除。

5. 果实

果实一般为圆筒形或棒槌形,果面有棱或无棱;果实长短因品种而异,有的品种长 20~26cm,而有的长度可达 150~200cm。嫩瓜有茸毛,皮光滑,瓜皮呈绿色,瓜肉淡绿色或白色;老熟后纤维发达。

6. 种子

种子黑色,椭圆形,扁而光滑,或有络纹,千粒重 100g 左右。

(二) 生长发育周期

1. 发芽期

从种子萌动到第一真叶破心止,需 5～7d。

2. 幼苗期

从第一真叶破心出现到开始抽蔓为止,需 25～30d。

3. 抽蔓期

从瓜蔓开始生长到现着为止,需 10～20d。

4. 开花坐果期

从现蕾到根瓜坐住,需 20～25d。

5. 盛果期

根瓜采收后,丝瓜即进入盛果期,如管理得当,结果期长达 5～6 个月。

6. 衰老期

盛果期以后直至拉秧(拔园)为衰老期,约 8 个月。

(三) 丝瓜对环境条件的要求

1. 温度

在影响丝瓜生长发育的环境条件中,对温度最为敏感。丝瓜属耐热蔬菜,有较强的耐热能力,但不耐寒,生育期间要求高温。丝瓜种子在 20～25℃ 时发芽正常。在 30～35℃ 时发芽迅速。植株生长发育的适宜温度是白天 25～28℃,晚上 16～18℃,生长期适宜的日平均温度为 18～25℃,15℃ 以下生长缓慢,10℃ 以下停止生长。

2. 光照

丝瓜起源于亚热带地区,是短日照作物,比较耐阴,但不喜欢日照时间太长,每天的日照时数最好不超过12h。抽蔓期以前需要短日照和稍高温度,有利于茎叶生长和雌花分化;开花结果期营养生长和生殖生长并进,需要较强的光照,有利于促进营养生长和开花结果。

3. 水分

丝瓜性喜潮湿,它耐湿、耐涝不耐干旱。要求较高的土壤湿度,土壤的相对含水量达65%~85%时生长得最好。丝瓜要求中等偏高的空气湿度,丝瓜旺盛生长所需的最小空气湿度不能少于55%,适宜湿度为75%~85%,空气湿度短时期饱和时仍能正常生长。

4. 气体

丝瓜叶面进行呼吸作用所需的氧气,可以从空气中得到充分满足。丝瓜进行光合作用,最适宜的CO_2浓度为0.1%左右,而大气中CO_2为0.03%左右,棚室CO_2浓度更显不足,为提高产量可在棚室内补施CO_2气体。

二、日光温室丝瓜冬春茬栽培技术

1. 品种选择

此茬丝瓜的栽培属于深冬反季节栽培模式,品种最好选择线丝瓜,这类品种植株繁茂,吸水吸肥能力强,耐寒,比较适宜于冬季栽培。成熟的瓜条40~60cm,直茎4~5cm,商品性好价格高。

2. 培育壮苗

(1)育苗方法。①穴盘育苗,可利用穴盘育苗(规格32、50穴)或营养钵育苗(规格10cm×10cm),穴盘育苗的基质配方可用草碳:蛭石:珍珠岩=3:1:1,每立方米基质再加三元素硫酸钾复合肥1kg(用水溶解喷拌),烘干消毒鸡粪5kg混匀。②营养钵育苗:装钵的营养土配方可选用未种过瓜菜的过筛肥沃园土 3 份,充分发酵腐熟的鸡粪 1 份,每立方营养土再掺加过磷酸钙 2kg,硫酸钾 0.5kg,过筛掺匀。

(2)种子处理。首先晒种 1～2d,晒种后用 50% 多菌灵 500～600 倍液浸种 1h,捞出清洗后再用 55℃ 的温水烫种,迅速向一个方向搅拌,使水温降至 30℃,然后浸种 24h,捞出后洗去种子表面的胶状物,用干净的湿布包好,外面再包一层塑料薄膜,放在 28～30℃ 处催芽,24～36h 大部分种子露白时即可播种。

(3)播种。9 月中下旬播种育苗。播种前把拌好的基质装盘后,打孔播种,深 1cm 左右,每孔的正中平放 1 粒种子,胚芽朝下方,上面覆盖蛭石或配好的基质或营养土 2cm 左右,然后把播好种子的穴盘摆放苗床内,设拱棚盖防虫网,并备好苗床上拱棚用的除雨膜、遮阳网,雨天要盖防雨膜,晴天高温时加盖遮阳网。

(4)苗床管理。播种后出苗前,苗床温度白天 25～35℃,夜间不低于 18～20℃,一般 3～5d 即可出齐苗,小弓棚白天掀晚上盖;出苗后白天温度控制在 25℃ 左右,夜间 13～15℃;秧苗破心后,白天 25～30℃,夜间 15～18℃,待秧苗三叶一心,日历苗龄 35d 左右即可定植。

3. 整地定植

(1)定植前的准备。丝瓜根系发达,整地时一定要深翻土壤 30cm 深。结合深翻,施腐熟的优质有机肥 5 000kg/亩,硫酸钾 50kg,过磷酸钙 150kg,磷酸二铵 50kg,耙平耙细。按大行 70cm、小行 50cm 开小沟,沟内每亩施腐熟圈肥 5 000kg,与土均匀混合。在畦面上铺两根滴灌软管,覆盖好地膜,做好畦面扣棚升温。

(2)定植。10 月中下旬定植,定植时应选在晴天,按每畦两行定植,定植株距 40～45cm。穴盘育苗,取苗时注意保护营养基完整,以防伤根。秧苗栽植时不要太深,过营养基顶面即可。浇透水,待土壤湿度合适时,覆盖幅宽 1.3m 的地膜,拉紧覆盖好,在秧苗顶端东西向划开小口将秧苗引出地面,然后将秧苗四周用土封好。

4. 定植后管理

（1）温度管理。丝瓜喜强光、耐热、耐湿、怕寒冷，为防止低温寒流侵袭，对反季栽培的越冬茬丝瓜，要重点加强温度管理。在当地初霜期之前半月，就要把温室的棚膜、草苫上好。提前关闭大棚的通风门和覆盖草苫保温，以提高棚温。在定植后的10～15d 内，可使白天气温提高到 30～35℃，此期一般不通风或通小风，创造高温高湿条件，以利缓苗。如晴天中午前棚温过高幼苗出现萎蔫时，可以盖花苫遮阴，此期一般不浇水，垄间要中耕保墒增温。缓苗后棚内夜间最低气温不低于 12℃，保持在 15～20℃，白天气温需降到 25～30℃。

（2）开花坐瓜期的管理。

①加强棚温调控：越冬茬大棚丝瓜伸蔓前期，正处于日照短、光照强度较弱的季节，壮苗大约 50d 第一朵雌花开花，就短日照而言，有利于促进植株加快发育，花芽早分化形成，降低雌花着生节位，增加雌花数量。但从伸蔓到开花坐果这一生育阶段来说，则需要较长的日照、较高温度、强光照，才能促进植株营养生长和开花结果。棚温白天 25～30℃，若超过 32℃可适当通风，夜间要加盖草苫保持温度在 15～20℃，最低气温不低于 12℃。②整枝吊蔓：丝瓜茎叶生长旺盛，为了充分利用棚内空间需进行植株调整。当蔓长 50cm 时，要人工引蔓上吊架，使瓜蔓在吊绳上呈"S"形，以降低生长高度，每株一绳。要及时去掉侧蔓和卷须，利用主蔓连续摘心法结瓜。当主蔓 20～23 个叶时进行第一次摘心，要保留顶叶下的侧芽。当这个侧芽 6～7 片叶时进行第二次摘心。以后按上述方法连续摘心、去侧蔓。根据植株的强弱，第一次摘心时每株选留 3～4 朵雌花，将其余雌花摘去。为了提高坐瓜率，开花后，及时用 20～30mg/kg 的 2,4 - D 蘸花。在此范围内，气温高时浓度可低些，反之则高些。使用时只涂抹果柄和蘸花，不能溅到叶片和茎上，以防造成伤害。使用 2,4 - D 的最佳时间是

花朵刚刚开放时。一般每株每茬留4朵雌花,坐瓜后留2个高质量的瓜,摘除劣瓜。③肥水管理:在根瓜坐住之前一般不浇水,应多进行中耕保墒。如遇到干旱可浇小水,以防水分过多植株徒长导致落花、化瓜。根瓜坐住后,要加强肥水管理,追肥浇水,浇水前喷施一遍杀菌剂防止病害,浇水选在晴天上午进行,结合浇水施硫酸钾10kg/亩。进入持续开花结瓜期后,植株营养生长和生殖生长均进入旺盛期,耗水耗肥量也逐渐增大。为满足丝瓜高产栽培对水、肥的需求。浇水和追肥间隔时间逐渐缩短,浇水量和追肥量亦应相应地增加。在持续开花结瓜盛期的前期(12月中下旬至翌年1、2月),每采收两茬嫩瓜(即间隔20~25d)浇一次水,并随浇水冲施腐熟的鸡粪和人粪尿,冲施500~600kg/亩,或冲施腐植酸复混肥或硫酸钾有机瓜菜肥10~12kg。同时每天上午9:00~11:00于棚内释放二氧化碳气肥。在3~5月冬春茬丝瓜持续结瓜中后期,要冲施速效肥和叶面喷施速效肥交替进行。即每10d左右浇一次水,随水冲施速效氮钾钙复合肥或有机速效复合肥。如高钾钙宝、氨基酸速效氮钙复合肥。一般每冲施10~12kg/亩。同时每10d左右叶面喷施一次速效叶面肥。④温度管理:冬春茬丝瓜进入持续开花结瓜盛期,植株也进入营养生长和生殖生长同时并进阶段。植株生长发育需要强光、长日照、高温,以及8~10℃的昼夜温差。所处季节从10月中下旬,经过秋、冬、春、夏四季,可到翌年秋季的9月,持续结瓜盛期长达270余天。在光、温管理上,应加强冬、春季的增光、增温和保温,尤其特别注意加强1~2月的光照和湿度管理,使棚内气温控制在:白天24~30℃,最高不超过32℃;夜间12~18℃,凌晨短时最低气温不低于10℃;遇到强寒流天气时,棚内绝对最低气温不能低于8℃。因丝瓜耐湿力强、为了保温,可减少通风排湿次数和通风量。⑤整枝摘老叶:丝瓜的主蔓和侧蔓都能结瓜。大棚保护地冬春茬丝瓜,在高度密植条件下,宜采取留单蔓整枝。在结瓜前和持续开花坐瓜初期,要及时抹掉主蔓叶腋间的腋芽,不留侧枝

(蔓),每株留一根主蔓上吊架。当瓜蔓爬满吊绳,蔓顶达顺行吊绳铁丝时,应解蔓降蔓,降蔓时还应剪断缠绕在绳上或缠绕在其他蔓上的卷须,摘除下部老蔓上的老、黄、残叶后(带出棚外),把蔓降落,使老蔓部分盘置于小行间本株附近的地膜之上。一般需降蔓落蔓3~4次。

(3)适时采收。适时采收嫩瓜不仅能保持商品嫩瓜的品质,而且还能防止化瓜,增加结瓜数,提高产量。这是因为:丝瓜主要食用嫩瓜,如过期不采收,果实容易纤维化,种子变硬,瓜肉苦,不堪食用。且因此瓜在继续生长成熟过程中与同株上新坐住的幼瓜争夺养分,造成幼瓜因缺少营养而化瓜,加重间歇结瓜现象,降低商品嫩瓜产量。一般冬春茬丝瓜从雌花开放授粉,到采收嫩瓜约需15d,盛瓜期一般开花后7d左右即可采收。盛瓜期果实生长发育快,可每隔1~2d采收一次。采收丝瓜的具体时间宜在早晨,并需用剪刀齐果柄处剪断。丝果果皮幼嫩,肉质松软,极易碰伤、压伤或折断,采收时必须轻放,装箱装筐时切忌挤压,以确保产量品质。

三、日光温室丝瓜秋冬茬栽培技术

为填补10~12月丝瓜供应空档,在日光温室栽培秋延后丝瓜,能收到良好的经济效益和社会效益。

1. 品种选择

秋冬茬丝瓜育苗正值高温、多雨季节,结瓜期气温又急剧下降,高温干旱、多雨、虫害等诸多不利因素均易诱发多种病虫害,所以品种选择非常关键,由于育苗期及茎蔓生长期的环境比较特殊,育苗期间前期棚内经常出现不适宜丝瓜生长的极限高温,害虫肆虐,植株极易感染病害特别是感染病毒病。因此,在品种上一定要选择耐低温和弱光照,在低温和弱光照条件下能保持较强的植株生长势和坐瓜能力。如济南棱、夏棠一号、乳白早等品种。

2. 播种育苗

(1)播种时间。秋冬茬丝瓜在 7—8 月均可播种,8—9 月定植。生产上可根据上市时间来决定。如要在 10 月上旬上市,则可以在 7 月初育苗;如需供应晚秋市场,可安排在 8 月底播种。此茬栽培如果种植的棚室腾茬较早,可不育苗直接播种。

(2)催芽播种。由于丝瓜种皮较厚,吸水困难,浸种催芽必不可少。用种子重量 5 倍的 55～60℃温水烫种,不断搅拌到室温后浸种 4～5h,捞出后沥干水分在 25～30℃条件下催芽,每 12h 用清水投洗 1 次,一般 48h,种子露白即可播种。

(3)育苗。育苗要把握以下几个技术要点:①最好采用穴盘育苗技术,进行护根育苗,充分保护根系。②晴天中午前后要用遮阳网覆盖苗床遮阳,避免强光直射苗床。③雨天要用薄膜覆盖苗床遮雨,防止雨水冲刷苗床和苗床积水,但育苗期间要保持基质湿度,浇水宜在早晨和傍晚进行,切记不能在中午高温时浇水,夏秋季温度高,基质水分蒸发量大,一天甚至会浇两次水。④用防虫网密封苗床,防止白粉虱、蚜虫等病毒传播媒介进入育苗床内。⑤一般从出苗开始,定期喷药防止病虫害,可交替喷洒多菌灵、杀毒矾、病毒 A 等。⑥秋冬茬丝瓜育苗前期温度高,秧苗很容易徒长,可以喷施矮壮素、15% 多效唑等缩短秧苗的茎节,减少瓜蔓长度,增加茎的粗度。

3. 移栽定植

(1)整地施肥。清洁田园后,施生石灰 50kg/亩和粉碎的玉米秸秆一起翻耕耙平,灌水浸透,在地面覆透明棚膜,然后关闭风口进行高温闷棚,连续闷棚 15d 左右,可有效地杀灭病菌。闷棚后均匀撒施腐熟有机肥 5 000kg/亩,过磷酸钙 25kg,硫酸钾复合肥 40kg 作为底肥。

(2)定植。8 月下旬至 9 月上旬,当秧苗长至四叶一心,苗龄 30d 左右时即可定植。一般按宽窄行定植,按 70cm 行距起垄,宽 30cm,高 15cm 作畦后浇透水,覆地膜;种植密度按 3 000 株/亩左右,按株距 30～35cm 打孔,定植瓜苗。定植后及时浇定植水,封好定植穴,第 2d 再补浇一次稳根水。

4. 定植后的管理

(1)水肥管理。在根瓜坐住之前一般不浇水,应多进行中耕保墒,如遇干旱可浇小水,以防水分过多造成植株徒长导致落花、化瓜;根瓜坐住后,要加强肥水管理,追肥浇水,结合浇水施优质三元复合肥 10～15kg/亩。

(2)温湿度管理。定植后 10～15d,可使白天温度保持在 30～35℃,此期一般不通风或通小风,创造高温高湿条件,以利于缓苗。如晴天中午前后棚温过高幼苗出现萎蔫时,可用草苫遮阴。垄间要中耕保墒增温。缓苗后棚内夜间最低气温不低于 12℃,保持在 15～20℃,白天气温需降到 25～30℃。其他管理参照温室冬春茬丝瓜栽培。

(3)整枝吊蔓。参照温室冬春茬丝瓜栽培。

(4)坐瓜期管理。影响坐瓜率的因素很多,除花器自身缺陷外,持续高温、低温、多雨、病虫危害等都可以引起授粉受精不良而导致落花。为防止落花落果,除要有针对性的管理措施外,使用生长调节剂是提高坐瓜率行之有效的方法。目前,应用最多的是 2,4-D。开花后及时用 20～30mg/kg 的 2,4-D 涂在果柄处。使用浓度可以根据当时气温的高低调整,一般气温高时浓度低,气温低时浓度适当高些。使用 2,4-D 的最佳时期是花朵刚刚开放时。处理后一般不落果,不易出现畸形瓜,丝瓜生长速度加快。

(5)结瓜盛期管理。根瓜采摘以后,丝瓜进入结瓜盛期。此时期丝瓜生长量大,结瓜数量多,不仅要求有充足的肥水,还要有充足的光照和温度,在管理过程中一般有以下几点:

①肥水管理:结合浇水每 10d 左右浇水一次,施氮磷钾复合肥 15kg/亩、腐熟鸡粪 70kg,要顺水冲施。同时结合病虫害防治可进行 1～2 次叶面喷肥。②温度管理:丝瓜性喜高温,结瓜期

间,夜温不低于15℃,白天不高于32℃为宜。③光照管理:在温度适宜的范围内,草苫要早揭晚盖,经常擦拭棚膜上的灰尘,以提高透光率。

5. 采收

日光温室秋冬茬丝瓜栽培,由于棚室内温度、湿度、光照等条件较好,不致使果实受冷害,根据市场行情和需求可适当调整采收时间,以推迟上市时间,获得较好的经济效益。

四、大棚丝瓜春夏连作栽培技术

1. 选择良种

选择主蔓结瓜性好、坐瓜节位低、坐果率高、抗病性强、抗高温的系列品种。可选择白籽棒状的肉丝瓜或"玉女一号"线丝瓜。

2. 播种育苗

播种时间1月上中旬,因早春气温低,丝瓜直播发芽率低,必须催芽露白后才能播种。丝瓜播前将种子用55~60℃的热水处理不停搅拌15min,待水温降至30℃左右时浸泡8~10h,漂洗去种皮表面黏液后,把种子用湿纱布包好放在温箱中催芽。选出芽好的种子每钵播种1粒,随播随覆土,覆土厚度为1cm左右,播种完毕后要及时覆盖地膜并加扣小拱棚保温。一般用种500g/亩左右。

3. 苗期管理

播种后,如果温度较低,则需要开通地热线加温。出苗前密闭小拱棚,使温度保持在28~33℃,以利出苗;幼苗破土后立即揭去地膜,适时通风降温,以免造成秧苗徒长,温度掌握在23~25℃为宜。由于育苗时天气寒冷,气温较低,当有心叶发生时再将温度提高至25~30℃,夜间温度一般以13~18℃为宜。定植前10d,停止加温,降低温度进行炼苗,白天掌握在18~20℃,夜间 13℃左右,以适应定植后的环境条件。水分管理除在播种时浇足底水外,心叶展开前一般不浇水,当心叶展开后视营养土的干湿情况适当浇小水,当苗龄 40~45d,秧苗四叶一心时就可以定植了。育苗可以用穴盘也可选用 10cm × 10cm 的营养体。

4. 适时定植

在 2 月中下旬选择晴天定植。

(1)整地作畦。定植前要施足基肥,一般每亩用优质农家肥 5 000kg、过磷酸钙 80~120kg、尿素 25~30kg,然后深耕 20m,耙平后建畦,畦宽 1.3m,每畦栽 2 行,株行距为 40cm ×50cm。

(2)定植。当棚内 10cm 地温稳定在 13℃,夜间气温稳定在 10℃以上时方可定植。先在畦面覆盖地膜,打穴,然后栽苗,浇足定植水,再封土,封土厚度以把子叶以下全部封住并把地膜口压严,以减少土壤水分的散失。

5. 田间管理

(1)温度管理。定植后用小拱棚覆盖,尽量少通风,以提高棚内温度,促进缓苗。缓苗后适当降温,以白天 20~30℃,夜晚 13~15℃为宜。当外界温度低于 13℃时盖膜封棚。同时还要浇一次透水,而后转入蹲苗。

(2)肥水管理。植株缓苗后,选择晴天上午浇水,然后开始蹲苗,当雌花出现并开花时结束蹲苗,进入正常的水分管理,即每间隔 5~7d 浇一次水,盛瓜期 2~3d 浇水一次,雨天要及时排水。原则上 5~6d 施一次肥,追肥每亩一次用人粪尿 500kg 或硝酸铵 20~25kg。

(3)植株调整。当苗高 30cm 时搭支架,并采用"S"形绑蔓上引。以主蔓结瓜为主,侧蔓一律摘除。插架后,不要马上引蔓,要适当窝藤、压蔓,有雌花出现时再向上引蔓,并使蔓均匀分布。丝瓜经引蔓后,当植株大约有 20 片叶时,主蔓上一般已有 5~7 朵雌花,此时在最上面雌花以上保留 2~3 片叶子摘心。丝瓜在主蔓留瓜 3~4 个。摘除老叶,夏丝瓜采收后期下面的病叶、老叶影响通风,又易传播病害,要及时摘除。

(4)保花保果。人工授粉,丝瓜为虫媒花,早春大棚内无昆虫传粉,必须进行人工授粉。授粉要在上午 8:00—10:00 进行,选择当天开放的健壮雄花,去掉花瓣,露出花药,轻轻地将花粉涂抹在当天开放的雌花柱头,一般每朵雄花可对 5 ~ 8 朵雌花;在生长前期,植株的雄花一般不多,可以用40mg/kg 的防落素喷花,以促进坐瓜。及时摘除畸形果。

6. 采收

适时采收是保证产量、品质、效益的重要措施。当丝瓜开花后 10 ~ 14d,果实充分长大且比较脆嫩时为采收适期。若采收过迟,果实容易纤维化,失去口感;当然,生长前期,由于温度低,果实发育所需的时间长,而后期温度较高,果实发育快。丝瓜连续结瓜性强,盛果期果实生长快,可每隔 1 ~ 2d 采收一次。采收时间以清晨为好,采收方法是用剪刀在果柄处剪断,采收后易轻放,切忌重压,以保持果实的商品外观。

第五节　设施瓜类蔬菜病虫害及防治技术

一、黄瓜霜霉病

黄瓜霜霉病是黄瓜的重要病害之一,发生最普遍,常具有毁灭性。其他瓜类植物如甜瓜、丝瓜、冬瓜也有霜霉病的发生。西瓜抗病性较强,很少受害。

(一)症状

苗期和成株期均可发病。

(1)苗期。子叶正面出现形状不规则的黄色至褐色斑,空气潮湿时,病斑背面产生紫灰色的霉层。

(2)成株期。主要为害叶片。多从植株下部老叶开始向上发展。初期在叶背出现水浸状斑,后在叶正面可见黄色至褐色斑块,因受叶脉限制而呈多角形。常见为多个病斑相互融合而呈不规则形。露地栽培湿度较小,叶背霉层多为褐色;保护地内湿度大,霉层为紫黑色。

(二)病原

为鞭毛菌亚门霜霉科假霜霉属真菌。孢子囊梗由气孔伸出,常多根丛生,无色,$(165 \sim 420)\mu m \times (3.3 \sim 6.5)\mu m$,不规则二叉状锐角分支 $3 \sim 6$ 次,末端小梗上着生孢子囊。孢子襄椭圆形或卵圆形,淡褐色,顶端具乳突,$(15 \sim 32)\mu m \times (11 \sim 20)\mu m$。游动孢子椭圆形,双鞭毛。卵孢子在自然情况下不易出现。

病菌有生理分化现象,有多个生理小种或专化型,为害不同的瓜类。

(三)发病规律

由于设施生产面积的不断扩大,黄瓜终年都可生产,黄瓜霜霉病能终年为害。病菌可在温室和大棚内以病株上的游动孢子囊形式越冬,成为翌年保护地和露地黄瓜的初侵染源,并以孢子囊形式通过气流、雨水和昆虫传播。

病害的发生、流行与气候条件、栽培管理和品种抗病性有密切关系。

病菌孢子囊形成的最适温度为 $15 \sim 19℃$;孢子囊最适萌发温度为 $21 \sim 24℃$;侵入的最适温度为 $16 \sim 22℃$;气温高于 $30℃$ 或低于 $15℃$ 发病受到抑制。孢子囊的形成、萌发和侵入要求有水滴或高湿度。

在黄瓜生长期间,温度条件易于满足,湿度和降雨就成为病害流行的决定因素。当日平均气温在 $16℃$ 时,病害开始发生;日平均气温在 $18 \sim 24℃$,相对湿度在 80% 以上时,病害迅速扩展;在多雨、多雾、多露的情况下,病害极易流行。另外,排水不良、种植过密、保护地内放风不及时等,都可使田间湿度过大而加重病害的发生和流行。在北方保护地,霜霉病一般在 2—3 月为始见期,4—5 月为盛发期。露地多发生在 6—7 月。

此外,叶片的生育期与病害的发生也有关系。幼嫩的叶片和老叶片较抗病,成熟叶片最易感病。因此,黄瓜霜霉病以成株期最多见,以植株中下部叶片发病最严重。

(四)防治方法

1. 选用抗病品种

晚熟品种比早熟品种抗性强。但一些抗霜霉病的品种往往对枯萎病抗性较弱,应注意对枯萎病的防治。抗病品种有津研2号、6号,津杂1号、2号,津春2号、4号,京旭2号,夏青2号,鲁春26号,宁丰1号、2号,郑黄2号,吉杂2号,夏丰1号,杭青2号,中农3号等,可根据各地的具体情况选用。

2. 栽培无病苗,提高栽培管理水平

采用营养钵培育壮苗,定植时严格淘汰病苗。定植时应选择排水好的地块,保护地采用双垄覆膜技术,降低湿度;浇水在晴天上午,灌水适量。采用配方施肥技术,保证养分供给。及时摘除老叶、病叶,提高植株内通风透光性。此外,保护地还可采用以下防治措施。

(1)生态防治。根据天气条件,在早晨太阳未出时排湿气40~60min,上午闭棚,控制温度在25~30℃,低于35℃;下午放风,温度控制在20~25℃,相对湿度在60%~70%,低于18℃停止放风。傍晚条件允许可再放风2~3h。夜温度应保持在12~13℃;外界气温超过13℃,可昼夜放风,目的是将夜晚结露时间控制在2h以下或不结露。

(2)高温闷棚。在发病初期进行。选择晴天上午闭棚,使生长点附近温度迅速升高至40℃,调节风口,使温度缓慢升至45℃,维持2h,然后大放风降温。处理时若土壤干燥,可在前一天适量浇水,处理后适当追肥。每次处理间隔7~10d。但应注意,棚温超过47℃会烤伤生长点,低于42℃则效果不理想。

3.药剂防治

在发病初期用药,保护地用45%百菌清烟雾剂(安全型)每亩200~300g,分放在棚内4~5处,密闭熏蒸1夜,次日早晨通风。隔7d熏1次。或用5%百菌清粉尘剂、5%加瑞农粉尘剂每亩1kg,隔10d1次。

露地可用69%安克锰锌可湿性粉剂1 500倍液、72.2%普力克水剂800倍液、72%克露可湿性粉剂500~750倍液、70%安泰生可湿性粉剂500~700倍液、56%水分散颗粒剂500~700倍液、25%甲霜灵可湿性粉剂800倍液、40%乙膦铝水溶性粉剂300倍液、64%杀毒矾可湿性粉剂500倍液、80%大生湿性粉剂600倍液。

二、瓜类枯萎病

瓜类枯萎病又称蔓割病、萎蔫病,是瓜类植物的重要土传病害,各地有不同程度的发生。病害为害维管束、茎基部和根部,引起全株发病,导致整株萎蔫以至枯死,损失严重。主要为害黄瓜、西瓜,亦可为害甜瓜、西葫芦、丝瓜、冬瓜等葫芦科作物,但南瓜和瓠瓜对枯萎病免疫。

(一)症状

该病的典型症状是萎蔫。田间发病一般在植株开花结果后。发病初期,病株表现为全株或植株一侧叶片中午萎蔫似缺水状,早晚可恢复;数日后整株叶片枯萎下垂,直至整株枯死。主蔓基部纵裂,裂口处流出少量黄褐色胶状物,潮湿条件下病部常有白色或粉红色霉层。纵剖病茎,可见维管束呈褐色。

幼苗发病,子叶变黄萎蔫或全株枯萎;茎基部变褐,缢缩,导致立枯。

(二)防治方法

1.选育

利用抗病品种黄瓜晚熟品种较抗病,如长春密刺、山东密刺、中农5号。将瓠瓜的抗性基因导入西瓜培育出了系列抗病品种，目前开始在生产上应用。

2. 农业防治

与非瓜类植物轮作至少3年以上，有条件可实施1年的水旱轮作，效果也很好。育苗采用营养钵，避免定植时伤根，减轻病害。施用腐熟粪肥。结果后小水勤灌，适当多中耕，使根系健壮，提高抗病力。

3. 嫁接防病

西瓜与瓠瓜、扁蒲、葫芦、印度南瓜，黄瓜与云南黑籽南瓜等嫁接，成活率都在90%以上。但果实的风味稍受影响。

4. 药剂防治

种子处理可用60%防霉宝1 000倍液＋平平加1 000倍液浸种60min；定植前20～25d用95%棉隆对土壤处理，10kg药剂拌细土每亩120kg，撒于地表，耕翻20cm，用薄膜盖12d熏蒸土壤；苗床用50%多菌灵可湿性粉剂8g/m^2配成药土进行消毒；或用50%多菌灵每亩4kg配成药土施于定植穴内。

发病初期可用20%甲基立枯磷乳油1 000倍液、50%多菌灵500倍液、70%甲基托布津可湿性粉剂500～600倍液、10%双效灵300倍液，40%抗枯灵500倍液灌根，每株用药液100ml，隔10d1次，连续3～4次。并用上述药剂按1∶10的比例与面粉调成稀糊涂于病茎，效果较好。

5. 生物防治

用木霉菌等拮抗菌拌种或土壤处理也可抑制枯萎病的发生。中国台湾研究用含有腐生镰刀菌和木霉菌的20%玉米粉、1%水苔粉、1.5%硫酸钙与0.5%磷酸氢二钾混合添加物，施入西瓜病土中，防效达92%。

三、瓜类白粉病

瓜类白粉病在葫芦科蔬菜中,以黄瓜、西葫芦、南瓜、甜瓜、苦瓜发病最重,冬瓜和西瓜次之,丝瓜抗性较强。

(一)症状

白粉病自苗期至收获期都可发生,但以中后期为害重。主要为害叶片,一般不为害果实;初期叶片正面和叶背面产生白色近圆形的小粉斑,以后逐渐扩大连片。白粉状物后期变成灰白色或红褐色,叶片逐渐枯黄发脆,但不脱落。秋季病斑上出现散生或成堆的黑色小点。

(二)防治方法

宜选用抗病品种和加强栽培管理为主,配合药剂防治的综合措施。

1.选用抗病品种

一般抗霜霉病的黄瓜品种也较抗白粉病。

2.加强栽培管理

注意田间通风透光,降低湿度,加强肥水管理,防止植株徒长和早衰等。

3.温室熏蒸消毒

白粉菌对硫敏感,在幼苗定植前 2~3d,密闭棚室,每 100m³ 用硫黄粉 250g 和锯末粉 500g(1∶2)混匀,分置几处的花盆内,引燃后密闭一夜。熏蒸时,棚室内温度应维持在 20℃ 左右。也可用 45% 百菌清烟剂,用法同黄瓜霜霉病。

4.药剂防治

目前,防治白粉病的药剂较多,但连续使用易产生抗药性,注意交替使用。

所用药剂有 40% 杜邦福星乳油 8 000~10 000 倍液、30% 特富灵可湿性粉剂1 500～2 000倍液、70%甲基托布津可湿性粉剂1 000倍液、15%粉锈宁可湿性粉剂1 500倍液、40%多硫悬浮剂500～600倍液、6%乐比耕可湿性粉剂3 000～5 000倍液等。

注意：西瓜、南瓜抗硫性强，黄瓜、甜瓜抗硫性弱，气温超过32℃，喷硫制剂易发生药害。但气温低于20℃时防效较差。

四、瓜类炭疽病

瓜类炭疽病是瓜类植物的重要病害，以西瓜、甜瓜和黄瓜受害严重，冬瓜、瓠瓜、葫芦、苦瓜受害较轻，南瓜、丝瓜比较抗病。此病不仅在生长期为害，在储运期病害还可继续蔓延，造成大量烂瓜，加剧损失。

(一) 症状

病害在苗期和成株期都能发生，植株子叶、叶片、茎蔓和果实均可受害。症状因寄主的不同而略有差异。

(1) 苗期。子叶边缘出现圆形或半圆形、中央褐色并有黄绿色晕圈的病斑；茎基部变色、缢缩，引起幼苗倒伏。

(2) 成株期。西瓜和甜瓜的叶片病斑黑色，纺锤形或近圆形，有轮纹和紫黑色晕圈；茎蔓和叶柄病斑椭圆形，略凹陷，有时可绕茎一周造成死蔓。果实多为近成熟时受害，由暗绿色水浸状小斑点扩展为暗褐至黑褐色的近圆形病斑，明显凹陷龟裂；湿度大时，表面有粉红色黏状小点；幼瓜被害，全果变黑皱缩腐烂。

黄瓜的症状与西瓜和甜瓜相似，叶片上病斑也为近圆形，但为黄褐色或红褐色，病斑的晕圈为黄色，病斑上有时可见不清晰的小黑点，潮湿时也产生粉红色黏状物，干燥时病部开裂或脱落。瓜条在未成熟时不易受害，近成熟瓜和留种瓜发病较多，由最初的水渍状小斑点扩大为暗褐色至黑褐色、稍凹陷的病斑，上生有小黑点或粉红色黏状小点；茎蔓和叶柄上的症状与西瓜、甜瓜相似。

(二) 防治方法

采用抗病品种或无病良种，结合农业措施预防病害，再辅以药剂保护的综合防治措施。

1. 选用抗(耐)病品种

合理品种布局瓜类作物的品种对炭疽病的抗性差异明显,但抗性有逐年衰减的规律,应注意品种的更新。目前黄瓜品种可用津杂 1 号、津杂 2 号,津研 7 号等;西瓜品种可用红优 2 号、丰收 3 号、克伦生等。

2. 种子处理

无病株采种,或播前用 55℃ 温水浸种 15min,迅速冷却后催芽。或用 40% 福尔马林 100 倍液浸种 30min,用清水洗净后催芽;注意西瓜易产生药害,应先试验,再处理。或 50% 多菌灵可湿性粉剂 500 倍液浸种 60min,或每千克种子用 2.5% 适乐时 4~6ml 包衣,均可减轻为害。

3. 加强栽培管理

与非瓜类作物实行 3 年以上轮作;覆盖地膜,增施有机肥和磷钾肥;保护地内控制湿度在 70% 以下,减少结露;田间操作应在露水干后进行,防止人为传播病害。采收后严格剔除病瓜,储运场所适当通风降温。

4. 药剂防治

可选用:80% 大生可湿性粉剂 800 倍液、25% 施保克乳油4 000 倍液、80% 炭疽福美可湿性粉剂 800 倍液、50% 多菌灵可湿性粉剂 500 倍液、70% 甲基托布律可湿性粉剂 800 倍液、65% 代森锌可湿性粉剂 500 倍液;75% 百菌清可湿性粉剂 500 倍液、2% 农抗 120 水剂 200 倍液或 2% 武夷霉素水剂 200 倍液等。保护地内在发病初期,也可用 45% 百菌清烟雾剂每亩 250~300g,效果也很好。每 7d 左右喷 1 次药,连喷 3~4 次。

五、黄瓜黑星病

黄瓜黑星病是一种世界性病害,20 世纪 70 年代前我国仅在东北地区温室中零星发生,80年代以来,随着保护地黄瓜的发展,这种病害迅速蔓延和加重,目前已扩展到了黑龙江、吉林、辽宁、河北、北京、天津、山西、山东、内蒙古自治区、上海、四川和海南12省市区。目前,此病已成为我国北方保护地及露地栽培黄瓜的常发性病害,一般损失可达10%~20%,严重可达50%以上,甚至绝收。该病除为害黄瓜外,还侵染南瓜、西葫芦、甜瓜、冬瓜等葫芦科蔬菜,是生产上亟待解决的问题。

（一）症状

整个生育期均可发生,其中嫩叶、嫩茎及幼瓜易感病,真叶较子叶敏感。子叶受害,产生黄白色近圆形斑,发展后引致全叶干枯;嫩茎发病,初呈现水渍状暗绿色梭形斑,后变暗色,凹陷龟裂,湿度大时病斑上长出灰黑色霉层(分生孢子梗和分生孢子);生长点附近嫩茎被害,上部干枯,下部往往丛生腋芽。成株期叶片被害,开始出现褪绿的近圆形小斑点,干枯后呈黄白色,容易穿孔,孔的边缘不整齐略皱,且具黄晕,穿孔后的病斑边缘一般呈星纹状;叶柄、瓜蔓被害,病部中间凹陷,形成疮痂状病斑,表面生灰黑色霉层;卷须受害,多变褐色而腐烂;生长点发病,经两三天烂掉形成秃桩。病瓜向病斑内侧弯曲,病斑初流半透明胶状物,以后变成琥珀色,渐扩大为暗绿色凹陷斑,表面长出灰黑色霉层,病部呈疮痂状,并停止生长,形成畸形瓜。

（二）防治方法

1. 加强检疫,选用无病种子

严禁在病区繁种或从病区调种。做到从无病地留种,采用冰冻滤纸法检验种子是否带菌。带病种子进行消毒,可采用温汤浸种法,即50℃温水浸种30min或55~60℃恒温浸种15min,取出冷却后催芽播种。亦可用0.4%的50%多菌灵或克菌丹可湿性粉粉剂拌种。

2. 选用抗病品种

如青杂 1 号、青杂 2 号、白头霜、吉杂 1 号、吉杂 2 号、中农 11、中农 13、津研 7 号等。

3. 加强栽培管理

覆盖地膜,采用滴灌等节水技术,轮作倒茬,重病棚(田)应与非瓜类作物进行 2 年以上轮作。施足充分腐熟肥作基肥,适时追肥,避免偏施氮肥,增施磷、钾肥。合理灌水,尤其定植后至结瓜期控制浇水十分重要。保护地黄瓜尽可能采用生态防治,尤其要注意湿度管理,采用放风排湿、控制灌水等措施降低棚内湿度。冬季气温低应加强防寒、保暖措施,使秧苗免受冻害。白天控温 28～30℃,夜间 15℃,相对湿度低于 90%。增强光照,促进黄瓜健壮生长,提高抗病能力。

4. 药剂防治

(1)药剂浸种。50% 多菌灵 500 倍液浸种 20～30min 后,冲净再催芽,或用冰醋酸 100 倍液浸种 30min。直播时可用种子重量 0.3%～0.4% 的 50% 多菌灵或 50% 克菌丹拌种,均可取得良好的杀菌效果。

(2)熏蒸消毒。温室或大棚定植前 10d,每 55m³ 空间用硫黄粉 0.13kg,锯末 0.25kg 混合后分放数处,点燃后密闭大棚,熏 1 夜。

(3)发病初期及时摘除病瓜,立即喷药防治。采用粉尘法或烟雾法,于发病初期开始用喷粉器喷撒 10% 多百粉尘剂,每公顷用药 1.5kg;或施用 45% 百菌清烟剂,每公顷用药 1～1.35kg,连续 3～4 次。

(4)棚室或露地发病初期可喷洒下列杀菌剂。50% 多菌灵 +70% 代森锰锌、50% 扑海因、65% 甲霉灵、6% 乐比耕、40% 福星、70% 霉奇洁、50% 施保功等,隔 7～10d 1 次,连续 3～4 次。也可用 10% 多百粉尘剂。

模块七　设施豆类蔬菜生产技术

第一节　菜　豆

菜豆又名四季豆、芸豆等,为豆科类豆属中一年生草本植物。菜豆是喜温性蔬菜,不耐霜冻和高温,可在春、夏、秋季栽培。早春可利用保护地栽培提早上市,随着日光温室的发展和新品种的更新,日光温室菜豆的发展较快,已基本实现周年供应。

一、设施生产茬口安排

(一)塑料薄膜大棚茬口安排

华北地区的暖温带气候区菜豆塑料薄膜大棚栽培的主要茬口有:①春提前栽培:一般于温室内育苗,苗龄一般为50d左右。在3月中旬定植,4月中下旬始收供应市场,一般比露地栽培可提早收获30d以上。②秋延迟栽培:一般是7月上中旬至8月上旬播种,7月下旬至8月下旬定植,9月上中旬以后开始供应市场至翌年1月结束,其供应期一般可比露地延后30d左右。

华南地区的热带和亚热带气候区菜豆塑料薄膜大棚栽培的茬口主要有:①春提前栽培:一般初冬播种育苗,早春(2月中下旬至3月上旬)定植,4月中、下旬始收,6月下旬至7月上旬拉秧。②秋延后栽培:此茬口类型苗期多在炎热多雨的7—8月,故一般采用遮阳网加防雨棚育苗,定植前期进行防雨遮阴栽培,采收期延迟到翌年1月的栽培茬口类型。后期通过多层覆盖保温及保鲜措施可使菜豆等的采收期延迟至元旦前后。③大棚多重覆盖越冬栽培:其栽培技术核心是选用早熟品种,实行矮、密、早栽培技术,运用大棚进行多层覆盖(二道幕 + 小拱棚 + 草苫 + 地膜)。该茬口一般 9 月下旬至 10 月上旬播种,12 月上旬定植,2 月下旬至 3 月上旬开始上市,持续到 4 ~ 5 月结束。

（二）日光温室茬口安排

华北地区菜豆日光温室栽培的主要茬口有:①冬春茬:也叫越冬一大茬生产,一般是夏末到中秋育苗,初冬定植到温室,冬季开始上市,直到第二年夏季,连续采收上市,收获期一般为 120 ~ 160d。②春提前栽培:一般于温室内育苗,苗龄一般为 50d 左右。在 2 月上旬定植,3 月中下旬始收供应市场,一般比大棚栽培可提早收获 30d 以上。

二、适宜设施生产的菜豆优良品种

我国菜豆品种资源极为丰富,依其生长习性可分为蔓生种、矮生种及半蔓生种。蔓生种栽培面积最大,生产上栽培的多是主食豆荚的软荚种,主食豆粒的硬荚种较少。矮生种栽培面积小,供应期短,主要在城市近郊分布,对增加淡季蔬菜有一定作用。半蔓生种生产上栽培不多。

（一）蔓生类型

蔓生种的茎生长点为叶芽,蔓长 2 ~ 3m,一般 3 ~ 4 个分枝。初生茎节的节间短,以后茎节的节间伸长,左旋性向上缠绕生长。每个茎节的腋芽可抽出侧枝或花序,它们之间具有相互抑制的作用,随着茎蔓的生长而增加花序数。播种至始收 50 ~ 70d,采收期 30 ~ 40d,产量较高,品质好。我国栽培的主要品种有以下几种。

（1）双丰 1 号。天津市农业科学院蔬菜研究所育成的极早熟、丰产、优质、耐热品种。株高 3m,有 2 ~ 3 个侧枝,第 1 花序着生于主蔓第 2 ~ 5 节。白花,单株结荚 30 ~ 50 个,荚嫩绿色,长 18 ~ 20cm,粗 1.1cm,厚 1cm,单荚重 14 ~ 17g。抗锈病,高抗枯萎病,耐热性强。适宜春秋两季栽培。每亩产量为 4 000 ~ 6 000kg。

(2)架豆王。从泰国引进的品种。中晚熟。蔓生,主蔓长 350cm 以上,一般每株有 5 个侧枝,第 1 花序着生于主蔓第5 ~ 6 节。花白色,每花序结荚 3 ~ 6 个。荚绿色,长 20 ~ 30cm,横径 1.3cm,单荚重 30g 左右。单株结荚 80 ~ 120 个。无纤维,荚肉厚。抗病,耐热,丰产。冬暖大棚栽培亩产量为 6 000kg。

(3)鲁菜豆 1 号。山东省青岛市农业科学研究所选育。蔓生,中早熟。株高 2.5m,分枝性强。第 1 花序着生于主蔓第3 ~ 5 节。花白色。荚白绿色,扁条形,长 25.5cm,无筋,脆嫩,单荚重 26.5g。适于春秋两季栽培,每亩产量为 4 000 ~ 6 000kg。

(4)双青(12 号菜豆)。广东省广州市蔬菜研究所选育。蔓生,主蔓长 3m 左右。中晚熟,第 1 花序着生于主蔓第 5 ~ 8 节。每花序结荚 2 ~ 6 个,荚圆棍形,白绿色,长 20cm,宽 1.2 ~ 1.3cm,单荚重 14 ~ 16g。荚脆嫩,纤维少,耐老,耐储运。适于南方种植,也适于北方设施生产,每亩产量为3 000 ~ 4 000kg。

(5)超长四季豆。中国农业科学院蔬菜花卉研究所自法国引入。植株蔓生,生长势强,叶片大、深绿色;花冠白色,嫩荚浅绿色,长圆条形,稍弯曲,单荚重 15 ~ 16g,长 20cm 以上,最长可达 26cm,荚横断面近圆形,荚肉厚 0.3cm。每荚有种子 7 ~ 9 粒,种子间的距离较大。嫩荚纤维很少,味甜,品质极佳。种子较大,深褐色,筒形,千粒重可达 350g,光泽强。中熟种,初花节位在第 5 ~ 6 节,春播 65 ~ 70d 采收嫩荚,可持续至 8 月。秋季栽培播后 50 余 d 采收,可持续到 10 月,丰产性较好,每亩产量为 2 500 ~ 3 000kg。

(6)碧丰(绿龙)。中国农业科学院蔬菜花卉所从荷兰引进品种中选出的良种。植株长势强,花白色,荚扁条形,青豆绿色,长 22 ~ 25cm,宽 1.8 ~ 2cm,厚约 1cm,单荚重约 18g,种子白色。早熟,丰产,每亩产量为 1 300 ~ 2 000kg。我国南北各地均可种植,特别适宜保护地栽培,也适宜露地春秋播种。

（7）齐菜豆1号。齐齐哈尔市蔬菜研究所育成。植株蔓生,株高3m左右,叶片深绿色,长势旺,有3～4个分枝,始花着生在第2节上,花白色,嫩荚深绿色,长22cm,种粒突起,无纤维,不易老熟。种子肾形,种皮褐色,带有黑色花纹。中早熟,从播种到嫩荚采收需60d。种子成熟为85d。抗锈病、炭疽病。每亩产量为2 500kg左右。

（8）甘芸1号。大连市甘井子区农业技术推广中心育成。植株蔓生,株高3m左右,分枝力中强,有2～3个侧蔓,爬蔓初期,蔓上着生浅紫红色条纹,花白色,种子棕黄色,千粒重470g,属大粒种子。荚白绿色,呈圆棍形,豆荚长20cm,肉质厚,纤维少,品质优。老熟荚呈黄白色并着生紫红色条纹。中晚熟,较抗炭疽病,易感锈病。每亩产量为2 000～3 000kg。

（9）8511架芸豆。由唐山市农业科学研究所从矮生菜豆天然杂交后代中选育而成。植株生长势中等,蔓生,花白色,鲜荚绿色,扁条形,荚长16～20cm,宽1.4～1.6cm,厚1～1.1cm,单荚重10.2g,种子肾形、褐色。一般从播种到采收50d左右,极早熟,采收期集中,耐寒,耐旱,抗病性中等。适宜华北、东北和西北地区种植,尤其适宜河北省北部地区种植。

（10）红花黑籽四季豆。生育期100d以上,晚熟,生长势强。花色紫红,荚长14.8cm,荚绿色,扁圆形,单荚重10g左右。产量较高,性状较好,适合在浙江省东南沿海地区推广栽培。

（11）日本大白棒。植株蔓生,株高达2.50m以上。嫩荚绿白色,圆扁形。保护地栽培结荚长一般25～30cm,最长可达40cm。早熟,耐热性强,高抗病,商品性状好。丰产性强,每亩产量4 000～6 000kg。适宜春季或夏秋季的大棚、露地栽培生产。

（12）秋抗6号。天津市农业科学院蔬菜研究所育成。茎蔓性,株高250cm,生长势强,主蔓18节左右封顶,有侧蔓3～4个。叶淡绿色,蔓绿色。白花,第一花序节位5～6节。每一花序有花

8~12朵。嫩荚绿色,荚长17~20cm,单荚重12~14g。嫩荚圆棍形,稍弯曲,肉厚,水分少,无筋。种子肾形,皮黄色,种粒较小。

(二)矮生类型

菜豆短生种植株矮小而直立,主茎4~8节后茎生长点成为花芽自封顶,不再继续伸长。在主枝叶腋抽出各侧枝,侧枝3~5个。早熟,播种至始收50d左右,结果集中,适于机械化栽培,采收期15~20d,产量较低,多数品种品质较差。主要栽培品种有以下几种。

(1)供给者。从美国引进。株高40cm,开展度50cm,5~6节封顶,侧枝3~5个。花浅紫色,嫩荚圆棍形,绿色,长12~14cm,宽、厚各1cm,肉厚,质脆,品质好。每亩产量为1 000~1 500kg。喜温而不耐霜冻,对叶烧病等具有较强抗性。适于全国各地多季栽培。

(2)优胜者。从美国引进。植株矮生,生长势中等,株高38~40cm,封顶节位5~6节,结荚多而集中,花浅紫色。嫩荚浅绿色,近圆棍形,先端稍弯,荚长14~16cm,宽1cm,厚近1cm,单荚重10~14g。嫩荚纤维少,肉厚,易煮烂,品质好。种子千粒重350~400g。早熟,适应性强,耐热,抗病毒病、细菌性疫病和根腐病。每亩产量为1 000~1 500kg。

(3)荷兰SG259。从荷兰引进。矮生,较直立生长,分枝性强,有侧枝6~8个,株高35~40cm,第2~3节着生第一花序,每花序有花4~5朵,花白色,豆荚圆而直,荚长13.5cm,宽0.9cm,厚0.8cm,荚喙长1.4cm,青绿色,横切面圆形,纤维少,表面光滑,色泽明亮绿色。单株结荚20个以上,每荚有种子6~7粒。种子乳白色。早熟,生长期70d,较耐寒,抗性强,抗叶烧病和炭疽病。

(4)黑籽冠军地豆。株高43cm,侧枝6~7个,始花节位第3节,每花序结荚3~4个,豆荚绿色,圆条形,早熟,耐寒、耐热、耐旱、耐老化,品质好。

（5）意大利矮生玉豆。是内蒙古开鲁县蔬菜良种繁育场1990 年从意大利引进的一个丰产、抗病、适应性广的菜豆品种。株高 60cm，分枝力强，每株可结豆荚 50 多个。荚绿色，无筋，长约 13cm，重约 22g。荚肉厚，商品性好。豆荚营养丰富，蛋白质含量较高。极早熟，播后 45d 可采摘鲜豆角。抗病性强，耐肥、耐旱、耐涝，不倒伏，抗风力强，不需搭架，适应性广，对土壤无选择。种子为肾形、乳白色，一般每亩产量 4 000kg。

（6）冀芸 2 号。河北省农林科学院蔬菜研究所育成。株高 42～45cm，每株有效花序 4～5 个，单株结荚平均 17 个，花白色，嫩荚浅绿色，长扁条形，荚长 14～16cm，宽 1.4cm，厚 0.95cm，单荚重 9～11g，嫩荚纤维极少，不易老化，商品性好。种子茶褐色，肾形，千粒重 360～400g。早熟性好，从播种到采收嫩荚约 53d。抗花叶病毒病，适合河北省及相邻省、市种植。每亩产量在1 500～2 000kg。

三、育苗技术

塑料大棚和日光温室菜豆春早熟栽培，上市早，产量高，效益好，近年来在我国北方地区发展较快。

（一）播种时期的确定

菜豆的育苗期一般根据在大棚的安全定植期来推算。华北、华东地区大棚栽培一般以 3 月中下旬定植为宜，东北及内蒙古地区为 4 月中下旬，长江中下游地区在 2 月下旬至 3 月上旬。定植时要求大棚气温不低于 0℃，10cm 地温稳定通过 12℃以上。在适宜的条件下，蔓生菜豆的苗龄 25～30d。所以，可以在安全定植期前的 30～35d 播种育苗。由此推算，华北、华东地区大棚菜豆的春提前栽培定植期为 2 月下旬，东北内蒙古地区为 3 月中下旬，长江中下游地区为 1 月下旬。

菜豆可在日光温室内四季栽培，越冬茬是利用日光温室进行冬季生产，供应春节前后市场的主要茬口。菜豆的生长期全部在寒冷的冬季,因此,对温室的设施结构和菜豆的栽培技术要求也相对较严格,所用栽培设施必须具有很好的保温性能。近年来通过优化温室构型(如山东寿光日光温室),加强内外多层覆盖保温措施增加保温性能。菜豆日光温室越冬茬栽培的播种时间要根据设施的保温采光条件、栽培管理水平、种植茬口以及要求上市时间来确定。华北地区如果在春节期间上市,可于11月中下旬至12月上旬播种。

(二)播种前的准备工作

(1)种子的准备。通过筛选或水选法精选饱满的优质种子。

(2)床土的配制。在育苗时,要配制营养土。育苗畦应选择2～3年内未种过豆科作物的地块。优质的床土要求疏松透气,养分完全,保水保肥,没有病虫害,为幼苗生长创造最有利的条件。播种床土的配制比例是:肥沃田土和充分腐熟的优质农家厩肥按6∶4的比例混匀,外加少许糠灰或草木灰,以增加土壤的渗透性,利于出苗。按每立方米营养土加入氮磷钾复合肥2kg、50%多菌灵可湿性粉剂50g、2.5%敌百虫粉剂80g,混合均匀装入育苗钵或育苗盘中,浇透水后待播。采用穴盘育苗的直接按草炭2份、蛭石1份配成育苗基质,装于50孔的穴盘内育苗。

(3)种子消毒。为防止种子带菌,用种子重量的0.3%(每1kg种子用药3g)的1%甲醛药液将种子浸泡10～20min,然后用清水冲洗干净种子,随即浸种催芽。也可用福美双等粉剂拌种。

(4)浸种催芽。用55～60℃温水浸种10～15min,并不断搅拌,水温降至30℃后再浸泡4h,用0.1%高锰酸钾液消毒20min,用流水洗去种子表面残留物。然后用湿布包好,在25～30℃下催芽,种子"露白"即可播种。

(三)播种及播后管理

应选择晴天播种,最好在寒尾暖头的晴天上午进行播种。育苗时由于气温、土温较低,蒸发量少,苗期不宜浇水,所以,播种前把苗床的营养钵、纸袋浇1次透水,水渗后撒一层细土,叫翻身土。然后每钵播 2~3 粒种子,覆潮湿的营养土,厚约 3cm。用营养土方育苗的,待浇水切土方后直接播种。播种后在苗床上覆盖塑料薄膜(即地膜),以利保温保湿,经 3~5d 就可出苗。出苗后将薄膜撤去。若播种时外界气温很低,可在苗床上加扣小拱棚临时增温,既防止沤种子,又可促幼苗生长。

播种后温度管理按照"高温出苗,平温长苗,低温炼苗"的原则培育壮苗,见下表。播种初期(即出苗前)要保持较高的温度,气温控制在 20~25℃,以利于发芽出土。出苗后,撤去苗床上的薄膜,并且开始通风。基生叶展开期对温、湿度非常敏感,遇到高温、高湿,下胚轴伸长很快,容易徒长,应及时通风降温。在幼苗前期,白天控温在 20~22℃,夜间达 10~15℃。到第一片复叶展开时即幼苗生长中期,提高温度,白天为 20~25℃,夜间达 15~20℃,有利于花芽分化和茎叶的生长。在苗床上加扣小拱棚的,棚内也要通风,到幼苗生长后期,撤去小拱棚。由于大棚没有加温设备,温度变化剧烈,在定植前一定要在温室内炼苗。定植前 5~7d 开始逐步进行低温锻炼,温室的草苫早揭晚盖,且加大放风量,降低温度,白天不超过 20℃,夜间降到 6~10℃,增强秧苗适应低温环境的能力。苗期温度管理指标见下表。通风降温要逐渐进行,通风过大过猛,幼叶易失绿发白或干枯,俗称"闪苗"。

表 菜豆苗期温度管理指标　　　　　　　单位:℃

时期	日温	夜温
播种至齐苗	20~25	12~15
齐苗至炼苗前	18~22	10~13
炼苗	16~18	6~10

在菜豆的幼苗期要控水,不干不浇。若苗床特别干旱,只能浇小水,目的是使苗矮壮,叶色深,茎节粗壮。采用营养土方育苗的,到定植前一天可浇水,湿透土方,以利于起苗。菜豆壮苗的标准:苗龄一般需 25~30d,子叶完好,第一片复叶初展,无病虫害。

四、定植及定植后的管理

(一)塑料薄膜大棚菜豆田间管理技术

1. 定植时期和方法

应选择地势高燥,排灌方便,地下水位较低,土层深厚疏松、肥沃,三年以上未种植过豆科作物的地块。当前茬作物收获后,及时将田间的残枝、病叶、老化叶和杂草清理干净,集中进行无害化处理,保持田间清洁。随即进行翻地,晾晒去湿。整畦前,施足基肥,塑料大棚春菜豆栽培生长期长,产量高,必须重施基肥,尤其重施有机肥,防止早衰。每亩施入腐熟有机肥 7 500kg 左右,磷肥 50~100kg,三元复合肥 25kg,尿素(氮肥)20kg。磷肥全部作基肥,复合肥 2/3 做基肥,氮肥 1/3 做基肥。基肥以优质农家肥为主,2/3 撒施,1/3 沟施,要深翻耙平。

根据定植形式做成平畦或小高畦。近几年小高畦地膜覆盖栽培比较多,可防止倒伏,灌溉及排水也方便,结合膜下暗灌,降低了大棚内的空气湿度,减少了病害发生。畦高 10~15cm,下底宽 70cm,上宽 60~65cm,两个小高畦之间的距离 30~40cm,最后用 90~100cm 宽的地膜覆盖。一般先铺膜后定植,经常使用的是高压聚乙烯透明地膜,可使土壤温度提高 2~4℃。有的地方使用杀草膜、光降解膜等,还有的用黑色地膜,以防止菜豆早衰。小高畦上每畦栽 2 行。矮生种每亩种植 4 500~5 000穴,每穴 2~3株。蔓生种每亩种植 3 000~3 500 穴,每穴 2 株。

菜豆喜温不耐寒,定植过早,易受冻害,而且地温低,影响根系生长,推迟缓苗,对植株生长不利。定植应选择晴天进行,定植时秧苗的土坨略低于地面。最好采用暗水定植即水稳苗,可防止地温下降,土壤板结,缓苗快。在栽培面积大、气温高、栽培技术要求不严格时,可采用明水定植,浇足定植水。菜豆适宜的定植时期以 10cm 最低土温稳定在 12℃以上。

2. 温、湿度管理

春季定植后闭棚升温,促进缓苗。夜间棚外四周用草帘覆盖保温防冻,促进根系生长,以加速缓苗。温度超过35℃,打开顶窗放小风。5～7d秧苗成活后棚温下降,适度通风,防止徒长。遇到寒流时,可在四周覆盖草苫或在畦面上扣小拱棚防寒,以保持棚温。

进入开花结荚期初期,保持棚内白天气温22～25℃,夜间15～17℃,要有较大的通风量和较长的通风时间,结荚期的温度应比前期稍高,白天控温在25～30℃,夜间保持不低于15℃。外界最低温度高于15℃时昼夜通风。

进入6月外界气温高于25℃以上时,即使通风棚温也很难下降,这时可将棚膜完全卷起来通风,顶风口加大至1m宽以上或将棚膜取下来,使棚内菜豆呈露地状况。为了防止高温强光,最好不撤棚膜,或换成遮阳网或旧塑料棚膜进行遮阴防雨,以使在夏季高温时,防治早衰的发生。

3. 肥水管理

菜豆追肥的原则是花前少施,花后多施,结荚期重施,不偏施氮肥,增施磷钾肥。前期可根据长势酌情施速效肥提苗,氮肥既不能缺(因为根瘤菌尚未发育好),又不能过多,过多易徒长落花。缓苗后可进行第一次追肥,每亩浇施人粪尿1 000kg,复合肥20kg。显蕾露白后,进行第二次追肥,每亩施尿素20kg左右,磷酸二氢钾15kg左右,人粪尿1 000kg。并结合防病治虫进行根外追肥防早衰,叶面可喷施0.02%的钼酸铵或3%～5%的过磷酸钙或0.3%的磷酸二氢钾,均有利于多结荚,增加产量。结荚盛期是需肥水的高峰期,要重追肥2～3次,氮磷钾配合施用。每亩施尿素25kg左右。大棚内栽培菜豆可增施二氧化碳,浓度800～1 000mg/kg。在菜豆生产中不允许使用未经无害化处理和重金属元素含量超标的城市垃圾、污泥和有机肥。

菜豆根系较多,要求土壤在保持湿润的同时,不能使土壤含水量过多,影响通透性。早春大棚菜豆定植时浇水不要太大,以免地温过低,影响缓苗。浇定植水后一直到花蕾露白时,可浇一次小水,以后不再浇水,一直至坐荚后再浇水,以利开花结荚。此阶段以中耕松土为主,目的是提高地温,促进根系生长,最重要的一点是防止徒长。到结荚盛期,浇水量增大,一般每 7～10d 浇一次水,保持土壤经常湿润,浇水要均匀,忌忽大忽小。菜豆生长期间空气相对湿度保持 65%～75%,适宜的土壤相对湿度为60%～70%。

4. 植株调整

菜豆植株抽蔓后,要及时做好吊蔓或插架工作。如果采用吊蔓栽培,引蔓绳的上端不要绑在大棚骨架上,而应绑在菜豆植株上部另设的固定铁丝上。铁丝距离棚面 30cm 以上,以防止菜豆旺盛生长时,枝蔓、叶片封住棚顶,影响光照,同时避免高温危害。在菜豆植株生育后期要及时摘除收荚后节位以下的病叶、老叶和黄叶,改善通风透光状况,以减少落花落荚。植株长到近棚顶时,可落蔓盘蔓,使整个棚内的植株生长点均匀地分布在一个南低北高的倾斜面上。插架可用“人”字形架,高 1.6m 左右,然后引蔓上架。

(二)日光温室菜豆田间管理技术

1. 定植

华北地区日光温室菜豆越冬茬一般在 12 月底至翌年 1 月上旬定植。在温室的前茬收获后及时清理田园,施入有机肥 7 500kg 左右,并配合施用其他化肥。施肥后深翻并耙平做成 1.2～1.3m 宽的平畦,最好采用小高垄栽培。具体方法参照大棚菜豆春季栽培的内容。

2. 温度管理

定植后的 1 周内,密闭不放风,保持温度在 25～30℃,以促进根系生长,加速缓苗。当超过 30℃时,进行放风。进入抽蔓期

温度白天保持在 20～25℃,夜间保持在 13～15℃,温度高于
28℃、低于13℃时都会引起落花落荚。随着外界温度的降低,应
逐渐减少通风量和通风时间,但夜间仍应有一定的通风量,以降
低棚内温度和湿度,要特别注意避免夜间高温。在外界最低气温
降到15℃以下时,夜间要关闭通风口,只在白天温度高时通风,
并及时加盖草苫,以防受冷害。早春阴雨天时,要注意使植株多
见散射光,并坚持在中午通小风。久阴暴晴时,为防止叶片灼伤,
要适当遮阳,回苫降温,待植株适应后再大量见光。

3. 肥水管理

苗期保持土壤湿润,见干见湿,只在临开花前浇一次水,供开
花所需,然后蹲苗直到荚果初期才浇第一次水。菜豆植株开花前
一般不浇水,不追肥,干旱时适量浇水,以控秧促根。当第一花序
上的豆荚长到3～5cm时,开始追肥浇水,每5～7d浇一次水,并
隔一次水追施化肥,每次每亩追施尿素25kg左右。结荚后期,由
于土壤蒸发量大,可根据植株的生长情况酌情浇水。浇水后及时
通风,排出湿气,防止夜间温室内结露,引起病害发生。寒冬为了
防止浇水降低地温,应尽量少浇水,只要土壤湿润即不要浇水。
一般在2月后气温开始升高时,可逐渐增加浇水次数。在不积水
的情况下勤浇水,每次采摘后都要重浇水(设施内膜下浇水)。
进入高温季节采用轻浇、勤浇、早晚浇水等办法。

4. 植株调整

温室内宜吊蔓栽培,增加通风透光性。菜豆秧棵爬满架后,
距离棚顶较近时,要进行摘心,以避免茎蔓缠绕,影响通风透光,
造成落花落荚。为防止徒长,促进侧枝发育,在蔓高 30cm 时,可
喷洒 150mg/kg 的助壮素和 0.25% 的磷酸二氢钾,蔓高 50cm 时
可再喷 1 次,花蕾期喷洒 5～25mg/kg 的萘乙酸防止落花落荚。

五、采收

设施生产的菜豆在花后 13～15d 即可开始采收嫩荚,每隔

3~4d 采收一次,要勤摘,采收时不要碰着其他花序,切忌收获过晚,豆荚老化,降低产品质量。

第二节 豇 豆

豇豆又名长豆角、菜豇豆等,为豆科豇豆属,原产于亚洲东南部热带地区。在豆类蔬菜中,栽培面积仅次于菜豆。豇豆是夏秋两季上市的大宗蔬菜,因其色泽嫩绿、肉荚肥厚、味道鲜美、极富营养价值而深受广大消费者的喜爱,既可热炒,又可焯水后凉拌、腌渍、干制等,老熟豆粒可作粮用,豇豆较耐热,较耐旱,是解决北方夏秋 8—9 月淡季的主要蔬菜之一,对蔬菜的周年供应有重要作用。

一、设施生产茬口安排

我国豇豆生产主要集中在北方地区:东北三省和内蒙古的部分地区,是我国最大的豇豆产区,其发展较早,生产技术和配套设施较为成熟,产业化水平较高。该地区夏季温高,光照充足,雨量少,较适宜豇豆的生长;华北区:该地区豇豆种植面积较大。

豇豆喜温耐热,不耐低温,无霜期进行露地生产,有霜期只能进行设施生产。因此,豇豆的栽培季节和茬口安排在全国各地并不统一,栽培方式也多种多样。北方地区设施生产以塑料大棚和日光温室为主,长江流域以南地区,可进行多茬次栽培,但仍以春秋两季为主。

豇豆忌连作,宜与非豆科作物实行三年轮作。前茬多为秋冬菜后的冬闲地,南方为春菠菜、春莴笋、春甘蓝或其他越冬的春菜地,后作多为以叶菜为主的秋冬菜地。豇豆在栽培中可实行间套作,生产上应用最多的是和番茄、黄瓜、辣椒套作,特别是在黄瓜后期套作,待黄瓜拉秧后即上架栽培。

（一）塑料薄膜大棚栽培茬口安排

大棚春提早栽培上市早,采收期长,产量高,效益高。在华北地区,大棚豇豆春提前栽培在 3 月中、下旬定植,供应早春市场,故播种期一般在 2 月下旬至 3 月上旬。

（二）日光温室栽培茬口安排

日光温室豇豆秋冬茬栽培时,一般从 8 月中旬到 9 月上旬播种育苗或直播,从 10 月下旬开始上市;冬春茬栽培一般是 12 月中、下旬到 1 月中旬播种育苗,1 月上中旬到 2 月上中旬定植,3 月上旬前后开始采收,一直采收到 6 月。

二、适宜设施生产的豇豆优良品种

豇豆品种资源丰富,按其豆荚的长短分为长荚豇豆类、短荚豇豆类、普通豇豆类。长荚豇豆即菜用豇豆,它又有蔓生、半蔓生、矮生 3 个类型。豇豆以蔓生种栽培最多,其植株为无限生长型,生长势强,茎蔓长,长达 3m 以上,花序腋生,叶腋分生侧蔓,生产上为搭架栽培,或与高秆作物如玉米、高粱等间作;豆荚为软荚种,荚长 30 ~ 100cm。矮生类型茎矮小,直立,分枝多而成丛生状,不设支架,成熟较早,生长期较短。半蔓生种生长习性似蔓生种,但蔓较短。目前,主要优良品种有以下几种。

（一）蔓生品种

（1）红嘴燕。四川省成都市郊农家品种。栽培历史长,南北方普遍栽培。中熟品种。生长势较强,分枝少,主蔓结荚为主,适合密植。叶绿色,花紫红色,嫩荚白绿色,先端浅紫红色,又叫一点红。荚长 50 ~ 60cm,荚脆嫩,肉肥厚,纤维少,品质好。种子黑色,较耐寒耐热,可作春秋两季栽培及塑料大棚栽培。丰产,适应性强,增产潜力大,但抗花叶病毒病能力较差,需肥多,易早衰。一般每亩产量为 2 000kg 左右。

（2）三尺绿豇豆。河北省农业科学院蔬菜研究所与北京市天马蔬菜种子研究所共同繁育的优良品种。早熟。植株蔓生。结荚率高,荚长95cm。种粒肾形,种皮黑色或褐色,有波纹。耐高温、干旱,抗病性强。每亩产量为2 000kg以上。

(3)春夏豇豆王。山西省运城地区种子公司育成的新品植株长势旺,可连续多次结荚。花紫色,嫩荚浅绿色,荚长80~120cm,种子肾形,红褐色。耐高温、干旱,对光照不敏感,适应性强,在全国各地均可种植。每亩产量为3 000~4 000kg。

(4)之豇28-2。浙江省农业科学院园艺研究所用红嘴燕和杭州青皮豇豆杂交培育而成的品种。早熟。生长势较强,分枝性弱。花紫色,嫩荚绿色,荚长60~75cm,种子肾形,紫红色。嫩荚肉厚,纤维少,不易老。耐高温、干旱,对日照不敏感,适应性广,高抗病毒病,不抗煤霉病、锈病。全国各地均可种植。每亩产量为2 000kg左右。

(5)之豇90。浙江省农业科学院园艺研究所选育。植株蔓生,生长势强,分枝较多,单株结荚数多,嫩荚淡绿色,品质佳,耐储运。抗病毒病,较耐锈病,耐热性好。喜强光,耐高温。在一般水肥条件下,不易早衰,丰产潜力大。每亩产量为2 000kg以上。

(6)之豇特早30。浙江省农业科学院园艺研究所选育,为之豇28-2替代品种。分枝少,叶片小,以主蔓结荚为主。初花期和初收期比之豇28-2提前5~10d,能提高早期产量。嫩荚绿色,长60~100cm,商品性状极佳。最适春播,栽培上可适当密植。

(7)之豇19。浙江省农业科学院园艺研究所选育。之豇系列新品种。生长势强,叶片较大,分枝强。嫩荚粗壮,商品性好。在一般水肥条件下,不易早衰。夏播比其他品种更优。栽培密度比之豇28-2略稀。

(8)之豇106。浙江省农业科学院蔬菜研究所经多重杂交并多代系统选育而成的豇豆新品种。早中熟,不易早衰,分枝少。嫩荚油绿色,荚长约59cm,耐储运性好。兼抗病毒病和诱病,总产量比之豇28-2提高10%以上。

（9）秋豇512。浙江省农业科学院园艺研究所选育。植株蔓生，侧枝发育强，可开花结荚。叶片绿色，较大。荚长为38.8cm，果荚粗壮挺直，商品荚色为银白色，籽粒为栗黄色。秋季栽培从播种至始收的营养生长期约46d，每亩产量为1 500kg左右。抗花叶病毒病，较感锈病。

（10）张塘豇豆。从燕带豇豆中选育的品种。早熟，植株蔓生，分枝性较弱。叶色深绿，嫩荚浅绿色，荚长60～80cm，每荚含种子18～22粒，种子肾形，红褐色。耐热，耐低温，抗锈病、灰霉病及病毒病。适合山东、河北等地种植。

（11）扬早豇12。江苏省扬州市蔬菜研究所培育的优良品种。生长势强，以主蔓结荚为主。早熟，在4～5节开始结荚。花紫色，嫩荚长约60cm，嫩荚浅绿色，纤维少，品质好。种子肾形，种皮紫红色。耐热，耐旱，抗病，适应性广，适于全国各地春早熟栽培。每亩产量为2 000kg以上。

（12）宁豇1号。南京市蔬菜种子站等单位选育，以之豇28-2及燕带豇作亲本杂交选育的优良早熟品种。植株蔓生，生长势强，主、侧蔓均结荚，主蔓在2～5节始花，嫩荚绿白色，荚长60cm左右，种皮红色。抗病毒病，对光照不敏感，适于全国各地种植。每亩产量为1 800～2 000kg。

（13）丰豇1号。中国农业科学院蔬菜花卉所新近选育的豇豆优良品种。植株蔓生，花紫色，荚果嫩绿色，长圆条形，单荚重18～25g。嫩荚纤维少，不易老。种子紫红色。早熟，抗花叶病毒病，耐高温干旱，适应性广，对日照长短不敏感，春秋季均可栽培。

（14）郑豇3号。郑州市蔬菜研究所选育的特长早熟豇豆新品种。该品种以主蔓结荚为主，主、侧蔓均可结荚。商品荚嫩绿色，荚长85cm，不易老化，品质极佳。单荚重30g，每亩产2 500～3 000kg。抗病、耐热、高产、适应性强，春夏秋均可种植。

（15）航豇2号。利用航天技术，通过日光温室加代育成的豇豆新品种。该品种蔓生，长势强，株高3.2m左右，分枝性较强,主、侧蔓同时结荚,花紫红色,单花序结荚 2~4 条,荚长 90cm 左右,嫩荚深绿色,纤维少。种子肾形,种皮黑色,近光滑。熟性和之豇 28-2 相近,每亩产量约 3 200kg。适宜春秋露地及保护地栽培,尤其适宜春季长季节栽培。

（二）矮生品种

（1）美国无架豇豆。茎短粗,长 20~25cm,节间密,粗壮直立富弹性,抗风力强,不需支撑。荚长 40cm 左右,灰白色。从播种至始收需 55d 左右,适应性广,抗逆性强,较抗锈病和叶斑病。一般每亩产量为 1 500kg 左右。

（2）中事豇 1 号。早熟,株型直立紧凑,适宜密植。适应性好,可春播、夏播和秋播。单株结荚 8~20 个,单荚粒数 12~17 粒,荚长 18~23cm,紫花,紫红粒,百粒重 13~16g。该品种适合种植在干旱、瘠薄地区,适应性广。非常适合与高秆农作物、中草药材、苗木果树间作套种。

（3）之豇矮蔓豇豆。浙江省农业科学院蔬菜研究所选育,早熟、抗病、丰产、优质。主蔓极短缩,抗病性强,对病毒病、煤霉病、锈病比美国无蔓豇豆抗性强,且比美国无蔓豇豆增产 20% 以上,一般亩产 1 250~1 500kg。适宜在长江流域及其以南地区春、夏、秋三季栽培。

（4）矮蔓 1 号。主蔓极短缩,株高 40cm 左右,单株分枝 3~4 条,主、侧蔓均能结荚。对病毒病的抗性极显著地优于美国无蔓豇豆,一般亩产 1 300~1 500kg。

（5）早矮青。早熟,植株浓绿色,生长势强,株高 60cm。主蔓第 2~4 节有 1~3 个分枝,第一花序在主蔓第 4~5 节,花淡紫色,单株结荚 10~14 条。嫩荚浓绿色,荚长 40~45cm。肉较厚,品质好。种子紫红色,肾形。抗病毒病,较抗锈病。

三、育苗技术

(一)播种时期的确定

播种期由苗龄、定植期和上市日期决定。在华北地区,大棚豇豆春提前栽培在3月中下旬定植,供应早春市场,故播种期一般在2月下旬至3月上旬。播种过早,地温低,易出现沤根死苗,同时苗龄过大,定植后缓苗慢,不利于发棵;播种过迟,达不到早熟的目的。日光温室豇豆春早熟栽培的播种期在1月中下旬左右。

(二)播种前的准备工作

(1)种子的准备。通过蹄选或水选法精选饱满的优质种子。一般每亩需种子4.5~6g。

(2)床土配制。豇豆在育苗时,都要配制营养土。优质的床土要求疏松透气,养分完全,保水保肥,没有病虫害,为幼苗生长创造最有利的条件。播种床土的配制比例是:肥沃田土6份,腐熟有机粪肥4份。配制和使用营养土时应注意:肥料要充分腐熟、过筛,不用生粪,特别是未经腐熟的鸡粪、鸭粪;不能加入过量的化肥,否则极易烧苗。为防止病害发生,可以进行床土消毒,甲醛、多菌灵、敌克松等药剂均可。营养土配制好后直接装入营养钵或铺于苗床上,播前浇透水。

(3)浸种催芽。一般采用温汤浸种,水温为55℃,用水量为种子量的5~6倍。浸种时,要不断搅拌,经10min后,使水温降至30℃,然后浸种3~4h,浸种时间不可过长,因为豇豆吸水量大而吸水快。浸种结束后将种子捞出,用湿润的多层纱布包好,放在25~28℃的条件下催芽。当有50%种子露芽时即可播种。生产上也可以温汤浸种后,不催芽直接播种。

(三)播种及播后管理

应选择晴天播种。播种前把苗床的营养钵、纸袋浇1次透水,然后每体播 2~3 粒种子,覆土厚约 3cm。用营养土方育苗的,待浇水切土方后直接播种。播种后在苗床上覆盖地膜,以利保温保湿,出苗后将薄膜撤去。

播后苗前要保持较高的温度,气温控制在 20~25℃,以利于发芽出土。出苗后,撤去苗床上的薄膜,及时通风降温。在幼苗期,白天控温在 20~25℃,夜间达 15~17℃。在苗床上加扣小拱棚的,棚内也要通风,到幼苗生长后期,撤去小拱棚。定植前 5~7d 开始逐步进行低温锻炼,温室的草苫早揭晚盖,且加大放风量,降低温度。豇豆的苗期般需 20~25d,苗高 20cm 左右,叶片 3~4 片,开展度 25cm 左右,茎粗 0.3cm 以下,根系发达,无病虫害。苗龄不宜太长,否则,移栽时伤根较多,影响生长。

四、定植及定植后的田间管理

(一)塑料薄膜大棚豇豆田间管理技术

1. 定植时期和方法

豇豆定植的适宜温度指标是 10cm 地温稳定通过 15℃,气温稳定在 12℃以上。温度低时可以加盖地膜或小拱棚。有前茬蔬菜(如油菜、小萝卜、小茴香)的大棚,在豇豆定植前 5~7d 收获完毕。无前茬蔬菜的大棚,在定植前 15~20d 扣棚烤地,不放风,尽量提高棚温,以促地温提高,使土壤完全解冻。豇根系深,吸收力强,产量高,但根瘤固氮能力弱,其吸收的氮肥 50% 由土壤供给,故要重施基肥。每亩施农家肥 7 500kg,同时施入过磷酸钙 50kg,三元复合肥 25kg。然后深翻 20cm 以上,耙平后等待做畦。为充分发挥肥效,将 2/3 的农家肥撒施,1/3 在定植时施入定植畦内。

定植前 1 周左右,在棚内做 1.2~1.5m 宽的平畦,每畦栽 2 行,穴距 25~30cm,每穴 2~3 株。待 10cm 土壤温度稳定在 10~12℃以上,最低棚温达到 5℃以上,即可选晴天定植。为了适时安全定植,要密切注意天气变化情况,应抓紧在冷尾暖头(即连续阴雨天或降雪后,天气转晴,气温开始回升)时定植,以后会连续有几个晴天,可促进缓苗。为使地温尽快提高,采用暗水定植,即水稳苗法。栽苗时,将小苗带土坨从塑料营养钵取出,放入定植沟。如用纸筒或营养土块育的秧苗,连纸筒或土块一起放入定植沟。采用小高畦定植的,每个畦上栽 2 行,按穴距打孔,栽苗后,用土封严定植孔,防止热气溢出伤苗或杂草丛生。

若要提早定植,可在定植畦上加扣小拱棚进行短期覆盖,棚高 0.8～1m,拱棚架用小号竹竿;引进日本的一种小棚塑料尼龙棒拱架,长 2m 左右,弹性极好,用起来弯曲自如。覆盖材料用普通塑料薄膜即可。

2. 温、湿度管理

为促进缓苗,定植后 5～6d 密闭大棚,不放风,保持高温高湿环境。白天控温在 20℃ 以上,可以达到 25～28℃,夜间为 15～18℃,空气相对湿度 60%～80%。当棚内气温超过 32℃ 以上时,在中午应进行短时间的通风换气,适当降温,防止烤苗。要特别注意突然出现的寒流、霜冻、大风、雨雪等灾害性天气,一旦发生,要采取临时增温措施,即在大棚四周围草苫(即围裙)。采用小拱棚临时覆盖的,可以明显地避开灾害性天气。缓苗后,大棚内应开始放风排湿降温,白天控温在 15～20℃,夜间在 12～15℃,防止幼苗徒长。加扣小拱棚的,小棚内也要放风,放风口要逐渐加大。外界气温升高后,幼苗生长加快,触及小拱棚顶,应撤去小拱棚及大棚的"围裙"。

随着幼苗的生长,棚温要逐渐提高,白天控温在 20～25℃,这是豇豆的生长发育适温,晚上控温在 15～20℃。棚温高于 35℃ 或低于 15℃,对生长、结荚都不利。进入开花结荚期,温度不能太高,35℃ 的高温会引起落花落荚,应进行放风,调节棚内温度,上午当棚温达到 15℃ 时开始放风,下午降至 15℃ 以下关闭风口。到生长的中后期,当外界温度稳定在 15℃ 以上时,就可以昼夜通风。当外界气温稳定在 20℃ 以上时,就可以逐渐撤去棚膜,这时也进入结荚后期,准备拉秧。

3. 肥水管理

肥水管理要做到前控后促。开花结荚前控制肥水,防止徒长,若肥水过多,茎叶生长过旺,导致花序少且开花部位上升,易造成中下部空蔓;结荚后,加强肥水管理,促进结荚。

在缓苗阶段不施肥也不浇水,若定植水不足,可在缓苗后浇缓苗水,之后不再浇水,而进行蹲苗,从定植到开花前一般不浇水、不追肥,直到第一花序开花结荚,其后几个花序显现时,才开始浇第一次水,追第一次肥,结束蹲苗,促进果荚和植株生长。追肥以腐熟人粪尿和氮素化肥为主,结合浇水冲施,也可开沟追施。不能追施碳酸氢铵,防止氨气熏苗。亩施硫酸铵 20kg 或尿素 25kg,浇水后,要加大放风量,排出棚内湿气,减少发病。进入结荚期,是豇豆需肥的高峰期,要集中连续追 3~4 次肥,并及时浇水。一般每 10~15d 浇一次水。到生长后期,除补施追肥外,还可进行叶面喷肥。用量:尿素浓度为 0.2%~0.5% 或磷酸二氢钾 0.1%~0.3% 或叶面喷施 0.2%~0.5% 的硼、钼等微肥。

(二)日光温室豇豆田间管理技术

1. 整地施肥

每亩用优质农家肥 10 000kg 左右,腐熟的鸡禽粪 2 000kg,腐熟的饼肥 200kg,碳酸氢铵 50kg。深翻后按栽培的行距起垄或做畦。大行距 1.4m,小行距 1m,垄高 15cm。

2. 定植

日光温室豇豆早春茬定植期一般在 2 月上旬,定植前 10d 左右扣棚烤地,宜在晴天进行。一般在栽植垄上按 20cm 打穴,每穴放 1 个苗坨(2~3 株苗),然后浇水,水渗下后覆土封严。

3. 温度管理

定植后的 5~7d 不通风,闷棚升温,促进缓苗。缓苗后,室内的气温白天保持 25~30℃,夜间不低于 15~20℃。当春季外界温度稳定通过20℃时,再撤除棚膜,转入露地生产。

4. 肥水管理

在定植缓苗后,如果不缺水一般不浇缓苗水。随后进行蹲苗、保墒,严格控制浇水。待蔓长1m左右,叶片变厚,根系下扎,节间短,第一个花序坐住荚后,后几节花序相继出现时,开始浇一次透水,同时每亩追施硝酸铵20～30kg。以后掌握浇荚不浇花、见干见湿的原则,大量开花后开始每隔10～12d浇1次水。要结合浇水追施速效氮肥,一般是1次清水1次水冲肥。

5. 植株调整

植株高30～35cm、5～6片叶时,要及时支架,引蔓上架。引蔓时切不要折断茎部,否则下部侧蔓丛生,上部枝蔓少,通风不良,落花落荚,影响产量。植株调整的具体方法同大棚豇豆栽培。

五、采收

豇豆定植后40～50d开始采收嫩荚。当荚条长成粗细均匀、荚面豆粒处不鼓起,但种子已经开始生长时,为商品嫩荚收获的最佳时期,应及时采收上市。初期每5～6d采收1次,盛期3～5d采收1次。豇豆每个花序有2对以上花芽,采收时不要损伤花序上其他花蕾,更不能连花柄一起摘下,以便以后继续开花结荚。果荚大小不等,必须分次摘取,方法是在嫩荚基部1cm处掐断或剪断。采摘最好在下午进行,以防碰伤茎蔓和叶片。采收时要仔细查找,避免遗漏。

第三节　豌　豆

豌豆是豆科豌豆属一年生或二年生攀缘性草本植物,别名荷兰豆、回回豆、青斑豆、麻豆、金豆等。全国各地都有栽培。

豌豆每100g嫩荚含水70.1～78.3g、碳水化合物14.4～29.8g、蛋白质4.4～10.3g、脂肪0.1～0.6g、胡萝卜素0.15～

0.33mg,还含有人体必需的氨基酸。豌豆的嫩荚、嫩豆可炒食,嫩豆又是制罐头和速冻蔬菜的主要原料。

一、生物学特性

(一)植物学性状及其与栽培关系

(1)根豌豆具有豆科植物典型的直根系和根瘤菌。主根比较发达,侧根稀疏,根系吸收难溶性化合物的能力较强,耐瘠薄能力强。

(2)茎与分枝按其生长习性有矮生、半蔓生和蔓生之分。蔓生种与半蔓生种栽培时需立支架。

(3)叶。豌豆出苗时,子叶不露出土面。主茎基部 1~3 节着生的真叶为单生叶,4 节以上为羽状复叶,由 1~3 对小叶组成,顶生小叶变为卷须,能互相缠绕。叶色淡绿色至浓绿色或兼有紫色斑纹,具有蜡质。

(4)花。豌豆花为蝶形花,总状花序,有白、紫色或多种过渡型花色。在露地或保护地栽培时,都能完全开花结实。但在干燥和炎热条件下,雌、雄蕊可能露出花瓣而导致杂交,杂交率为10%左右。因此,设施内应做好品种间的隔离,并在开花期保证设施内的温度与湿度。

(5)果实。豌豆的果实为荚果,荚果浓绿色或黄绿色。荚果有软、硬之分,软荚种内果皮柔软可食,成熟后干缩而不开裂;硬荚种的内果皮成一层似羊皮纸状的透明革质膜,必须撕除后才可食用,故一般只食青豆粒,老熟后荚开裂。

(6)种子球形,依品种有皱缩和光滑两种。种色有白、黄、绿、紫、黑数种。种子寿命 2~3 年。在选种时需注意使用在寿命年限内的新种子。

(二)对环境条件的要求

1. 温度

豌豆为半耐寒性蔬菜,喜凉爽湿润气候,不耐炎热干燥,耐寒能力较强,种子发芽适温为 $2 \sim 18℃$,幼苗能忍耐 $-5 \sim -4℃$ 的低温。苗期温度稍低,可提早花芽分化;温度高,特别是夜温高,花芽分化节位升高。开花期如遇短时间 $0℃$ 低温,开花数减少,但已开放的花基本上能结荚。$0℃$ 以下的低温时,花和嫩荚易受冻害。$25℃$ 以上的高温时,生长不良,结荚少,夜高温影响尤甚。采收期间温度高,成熟快,但产量和品质降低。设施内能满足其温度条件。

2. 光照

多数品种为长日照植物,但不同品种对日照长短的敏感程度不同。研究表明,北方品种对日照长短的反应比南方品种敏感;红花品种比白花品种敏感;晚熟品种比早中熟品种敏感。南方品种北移多提早开花结实。

豌豆在开花结荚期要求较强的光照和较长的日照,但不需较高的温度,栽培上通过采取合适的措施,以调节长日照与较低温度之间的矛盾。设施中可采取通风、喷水等办法来达到这一要求。

3. 水分

适宜的土壤相对湿度为 70% 左右,适宜的空气相对湿度为 60% 左右。空气干燥,开花就减少。高温干旱最不利于花朵的发育。土壤干旱加上空气干燥,花朵迅速凋萎,大量落花落蕾。结荚期如遇高温干旱会导致荚果纤维提早硬化,而使过早成熟,降低品质和产量。豌豆不耐湿。播种后水多,容易烂种;生长期内排水不良,容易烂根,且易发生白粉病。豌豆各生育阶段对水分要求不一。幼苗期控水蹲苗有利于发根壮苗。开花结荚期需水量较多,应保证充足的水分供应,以达高产、优质的栽培目的。设施内可以通过采取一些措施满足豌豆整个生育期对水分的要求。

4. 土壤

对土壤要求不严,但以保水力强、排水容易、富含有机质的疏松中性土壤为宜。根系和根瘤菌生长的适宜 pH 值为 6.7~7.3。设施内可通过测定来调节土壤酸碱度使其满足豌豆生长发育的要求。

5. 矿质营养

豌豆吸收氮素最多、钾次之、磷最少。幼苗期应追施一定量的氮肥,以促使幼苗健壮生长和根瘤形成。磷肥能促进根瘤生长、分枝和籽粒发育。缺磷,植物叶片呈浅蓝绿色、无光泽、植株矮小、主茎下部分枝极少、花少、果荚成熟推迟。豌豆进入开花期对磷素的吸收迅速增加,花后 15~16d 达到高峰。植株对钾的需求量在开花后迅速增加,至花后 31~32d 达到高峰,后期需钾量下降也比磷慢。钾有壮秆、抗倒伏的作用,还能促进光合产物的运输。缺钾时,植株矮小,节间短,叶缘褪绿,叶卷曲,老叶变褐枯死。设施内土壤应施足积肥,苗期施氮肥,开花结荚期补施磷、钾肥。

二、栽培技术

(一)栽培制度与栽培季节

东北大部分地区仅能春、夏播种,夏、秋收获。也可利用日光温室或塑料拱棚进行豌豆春提前、秋延后栽培和冬茬栽培。

豌豆忌连作,应实行 4~5 年甚至 8 年的轮作。保护地栽培多和番茄、辣椒套作,特别是在黄瓜后期套作,待黄瓜拉秧后即上架栽培。

(二)菜用豌豆的露地栽培技术

1. 整地和施肥

豌豆的根系分布较深,须根多,因此,宜选择土质疏松,有机质丰富的酸性小的沙质土或砂壤土,酸性大的田块要增施石灰,要求田块排灌方便,能干能湿。

豌豆主根发育早而快,故在整地和施基肥时应特别强调精细整地和早施肥,这样才能保证苗齐苗壮。北方春播宜在秋耕时施基肥,一般施复合肥 $450kg/hm^2$ 或饼肥 $600kg/hm^2$ 、磷肥 $300kg/hm^2$ 、钾肥 $150kg/hm^2$ 。北方多用平畦,低洼多湿地可做成高垄栽培。

2. 播种

人工选择粒大饱满、均匀、无病斑、无虫蛀、无霉变的优质种子,播前翻晒 1～2d。并进行种子处理,方法有两种:一是低温处理,即先浸种,用水量为种子容积量的一半,浸 2h,并上下翻动,使种子充分均匀湿润,种皮发胀后取出,每隔 2h 再用清水浇一次。经过 20h,种子开始萌动,胚芽外露,然后在 0～2℃ 低温下处理 10d,取出后便可播种。试验证明,低温处理过的种子比对照结荚节位降低 2～4 个,采收期提前6～8d,产量略有增加。二是根瘤菌拌种处理。即用根瘤菌 225～300g/hm² ,加少量水与种子充分拌匀即可播种。条播或穴播。一般行距 20～30cm,株距 3～6cm 或穴距 8～10cm,每穴两三粒。用种量 10～15kg/667m² 。株型较大的品种一般行距 50～60cm,穴距 20～23cm,每穴两三粒,用种量 4～5kg/亩。播种后踩实,以利种子与土壤充分接触吸水并保墒,盖土厚度 4～6cm。

3. 田间管理

(1)肥水管理。豌豆有根瘤菌固氮,对氮素的要求不高。为了多分枝、多结荚夺取高产,除施基肥外,还应适时适量施好苗肥和花荚肥。前期若要采摘部分嫩梢上市,基肥中应增加氮肥用量,促进茎叶繁茂,减少后期结荚缺肥的影响。现蕾开花前浇小水,并追施速效性氮肥,促进茎叶生长和分枝,并可防止花期干旱。开花期不浇水,中耕保墒防止发生徒长。待基部荚果已坐住,开始浇水,并追施磷、钾肥,以利增加花数、荚数和种子粒数。结荚盛期保持土壤湿润,促进荚果发育。待荚果数目稳定,植株生长减缓时,减少水量,防止倒伏。大风天气不浇水,防止倒伏。蔓生品种,生长期较长,一般应在采收期间再追施 1 次氮、钾肥,以防止早衰,延长采收期,提高产量。

豌豆对微量元素钼需要量较多,开花结荚期间可用0.2%钼酸铵进行根外喷施2~3次,可有效提高产量和品质。

(2)中耕培土。豌豆出苗后,应及时中耕,第一次中耕培土在播种后25~30d进行,第二次在播后50d左右进行,台风暴雨后及时进行松土,防止土壤板结,改善土壤通气性,促进根瘤菌生长。前期松土可适当深锄,后期以浅锄为主,注意不要损伤根系。

(3)搭棚架。蔓生性的品种,在株高30cm以上时,就生出卷须,要及时搭架。半蔓生性的品种,在始花期有条件的最好也搭简易支架,防止大风暴雨后倒伏。

4. 采收

软荚豌豆在花后7~10d,须待嫩荚充分肥大、柔软而籽粒未发达时收,采收期可达20~40d。嫩荚产量800~2 000kg/亩。采收硬荚豌豆青豆粒的在开花后15d左右,须在豆粒肥大饱满,荚色由深绿色变淡绿色,荚面露出网状纤维时收。如采收过迟,品质变劣。采收于上午露水干后开始。采收时对于斑点、畸形、过熟等不合格嫩荚均应剔除。开花后40d左右收干豆粒。

采食豌豆嫩苗或嫩梢的栽培方法,北方于"立冬"至"清明"在阳畦或温室播种。食苗豌豆的嫩梢一般在播种后30d左右,苗高16~18cm,有8~10片叶时收割,以后每隔10~20d收割1次,可收4~8次。嫩梢产量700~2 000kg/亩。

(三)大棚栽培技术

豌豆大棚秋、冬栽培是继大棚春提早拉秧后,利用豌豆幼苗期适应性强的特点,而在炎夏育苗移栽,到中后期适于豌豆的结果期而达到栽培目的,对解决秋淡季的蔬菜供应能起到一定的作用。

1. 育苗定植

在北方地区,大棚内前作拉秧后进行耕翻。施37 500~

45 000kg/hm² 厩肥,300～375kg/hm² 过磷酸钙,全面撒施后,按照春、夏栽培方法整地、定植。

2. 水肥管理与中耕、培土

播种出苗后或秧苗定植后,到豌豆显蕾以前,要严格控制水肥,防止幼苗期徒长,是决定秋、冬豌豆丰产的关键环节之一。因为这个时期正值北方雨季,虽然大棚内无雨,但往往因通风口大或棚布漏雨和前作灌水多,使棚内湿度大,加之温度偏高,容易造成植株徒长。侧枝分化多,结荚部位上升。最终延迟采收,大大降低产量。所以除不灌水肥外,要加强中耕和培土。一般每隔7～10d 就要进行一次中耕松土,到抽蔓时就应搭架。8 月中旬以后,气候转凉,同时花已结荚,可以开始施肥灌水,每隔 10～15d 一次。至 10 月上旬以后,气温降低,可停止施肥。

3. 温度管理

在 8 月上旬以前要大通风,要将棚布四周和天窗开大些;8 月中旬以后夜温至 15℃以下,就应将通风口缩小;9 月中旬以后就只通天窗。这段时间内在白天和夜间一般能保持适温,也正是结果盛期。到 10 月中旬以后,只能在中午进行适当通风;到 10 月下旬,一般不通风,更要注意保温防寒。北方地区在不加温的大棚内,豌豆生长可维持到 11 月中下旬。

4. 大棚豌豆的收获

大棚豌豆栽培的目的是收获豆粒或嫩荚,只要豆荚充分肥大即可采收。但豌豆的豆荚是自下而上相继成熟,必须分期及时采收。过早过晚都影响品质,一般硬荚种,最适收获期为开花后13～15d,荚仍为深绿色或开始变为浅绿色,以豆粒长到充分饱满时为准。软荚豌豆以食嫩荚为主,一般在开花后 7～10d 即可采收,荚已充分肥大,而籽粒尚未发达时为宜。

(四)栽培中易出现的问题与对策

豌豆易发生落花落荚问题,其原因与植株密度过大,肥水过多,营养生长过旺、开花期空气干热、遇热风或大风天气、开花期土壤干旱或渍水等因素有关。应选用优良品种、适时早播,并加强肥水管理工作,保证营养生长和生殖生长的平衡,以减轻落花、落荚。

第四节　荷兰豆

荷兰豆是豌豆的一种,又叫英用豌豆或软荚豌豆,为豆科豌豆,属一年生或二年生攀缘草本植物,富含碳水化合物、蛋白质、胡萝卜素及多种氨基酸,其嫩荚、嫩梢、鲜豆粒及干豆粒均可食用。近几年来,随人们消费习惯的多样化及保护设施的发展,栽培面积也不断扩大,栽培方式多样,实现了鲜豆荚的周年均衡供应,现将荷兰豆棚室栽培技术介绍如下。

一、特征特性

(一)植物学特征

1. 根系

荷兰豆为直根系,侧根少。直根深入土中 1～2m,侧根分布在 20cm 的土层内,吸收难溶性化合物的能力较强。根部有根瘤菌,多集中在土壤表层 1m 以内。幼苗期根系生长比较慢,开始分化花芽时,根系生长达到高峰期,开花前根系长势迅速减弱,豆荚发育时稍有增强,到豆荚膨大时趋于停止。

2. 茎叶

茎为近圆形或近四方形,中空而脆嫩。矮生种节间短,直立,分枝 2～3 个。蔓生种节间长,半直立或缠绕,需立支架,分枝性强。叶互生,淡绿色至浓绿色,或兼有紫色斑纹,具有蜡质或白粉。为偶数羽状复叶,小叶 1～2 对,顶端 1～2 对小叶,退化成卷须,能互相缠绕。叶柄与茎相连处,附生有大的叶状托叶两片,包围茎部。

3. 花

始花节位,矮生种第 3~5 节,蔓生种第 10~12 节,高蔓种第 17~21 节,始花后一般每节都有花。花白色或紫色,单生或对生于叶腋处,亦有短总状花序,着生 1~3 朵花。花蝶形,上面一片花瓣最阔,向外翻转。自花授粉,在干燥和炎热条件下能杂交,异交率 10% 左右。

4. 荚、种子

荚果浓绿色或黄绿色,圆棍长扁形。豆荚内果皮含叶绿素。荚长 5~10cm,宽 2~3cm。种子球形,单行互生于果荚腹缝两侧,依品种有皱粒和光滑两种,色泽有黄、白、紫、绿、黑等,每荚有种子 4~5 粒或更多。

(二) 生长发育

荷兰豆的生长同其他豆类一样分为发芽期、幼苗期、伸蔓发枝期和开花结荚期。

1. 发芽期

从种子萌动到第 1 真叶出现为发芽期,适宜条件下需 4~6d,有时可长达 15~20d。如播种后土壤干燥会延迟发芽,而水分过多会造成烂种。

2. 幼苗期

从真叶出现到抽蔓前为幼苗期,适宜条件下为 15~25d。幼苗期是抗逆性最强的时期,可耐 -5~ -4℃的低温和 35℃ 左右的高温。

3. 伸蔓发枝期

新生叶具 2~3 对小叶,侧枝开始发生到现蕾开花为止。一般为 15~20d,在不利条件下可持续 40~50d。高温和长日照促进主枝节间伸长,低温和短日照抑制节间伸长,而促进侧枝的发生。但分枝的多少也因品种不同而异,而且对产量有直接的影响。

4. 开花结荚期

从开花到采收结束为开花结荚期,一般需 50～60d,因栽培条件和品种不同而异。一般在豆荚谢花后 8～10d 即可长成,达到商品成熟时及时采收。

二、对环境条件的要求

(一)温度

荷兰豆幼苗期耐寒能力最强,可耐 −5～−4℃的低温,但正常生长适温为 12～16℃;开花期最适温度为 15～18℃。在 5℃以下开花减少,20℃以上的高温干燥天气时受精率低,种子减少;结荚期适温为 18～20℃。25℃以上时植株生长衰弱,28℃以上引起落花落荚。苗期温度稍低可使豌豆提早形成花芽,延长开花结荚期,提高产量。一般用萌动种子在 2～5℃条件下处理 2～3 周可通过春化阶段,不仅可以降低花序着生节位,提早采收,而且有增产作用。如冬季播种或早春播种,自然条件下苗期采用低温管理也具有同样效果。

(二)光照

荷兰豆一般为长日照作物,尤其在结荚期要求较强的光照和较长的日照时间。

(三)水分

荷兰豆根深而广,耐旱能力较强,但不耐干燥,喜湿润气候,又不耐雨涝。土壤水分过多或排水不良,容易烂种或烂根;而土壤过于干旱时,子房和荚果停止生长,易形成空荚、秕荚。荷兰豆对空气湿度要求较高,开花时最适空气湿度为 60%～90%,60%以下时开花数量减少,或落花落蕾。

(四)土壤营养

荷兰豆根瘤发达,所以对土壤适应性较广,但以疏松、富含有机质的中性或微酸性土壤较适宜。沙性地有利于早熟,但易使茎叶过于茂盛而发生病害,不易丰产;相反黏质土壤有利于丰产。另外,荷兰豆根呼吸需氧较多,因此,要求土壤通气,排水良好。

三、品种选择

荷兰豆因其生长期短,成熟早,耐寒,故各地均有种植,国内现已培育和引进不少经济性状优良的品种,满足不同的栽培需要,现介绍如下。

(一)阿拉斯加

国外引进种。早熟,从播种到收获嫩荚 60~65d,到种子成熟 85~90d,株高 1m,荚绿色,种子圆形、绿色。

(二)晋软 1 号

山西农业大学园艺系选育的软荚豌豆品种。植株高 200~350cm,茎蔓性,节间长,长势强,基部分枝 2~3 条,中上部分枝 4~5 条。主蔓第 17~19 叶节始花,花白色。主蔓结荚 9~11 个,侧枝结荚 5~7 个。荚果剑形,扁直,稍弯曲,黄绿色,长 6~7cm、宽 2.0~2.5cm,成熟荚僵缩,无革质,为软荚种。嫩荚脆甜,品质上等。中熟,播种至嫩荚采收约 70d。亩产嫩荚 1 100~1 250kg,或干种子 150~375kg。

(三)大荚荷兰豆

蔓长 2m 左右,花紫色单生,荚特大,长 12~14cm,宽 3cm,浅绿色,荚稍弯凹凸不平,种皮皱缩,呈褐色,嫩荚供食,柔嫩味甜,纤维少。

(四)矮茎大荚荷兰豆

茎秆矮壮,株高 50cm 左右,花白色,荚果扁长,为大荚型,一般长 8~10cm,宽 3cm,为软荚。单株结荚 10 个左右,亩产鲜荚

800kg 左右。干种子白色,扁圆形。

(五)莲阳双花

软荚种,蔓性,花白色,荚长 6 ~ 7cm,宽 1.3cm,种子圆形,黄白色,嫩荚供食,品质佳。

(六)绕平大花立(台中 11 号)

早熟,苗期耐热性强。蔓长 3 ~ 3.5m,节间短,节数多达 80 节以上,分枝多,每节一花序,花紫红色,每蔓结荚数 60 ~ 80 个,嫩荚长约 10cm,宽约 2.5cm。平均单荚重 2.4 ~ 3g。从播种至始收 55 ~ 60d,采荚期 140d 左右,总生育期 200d 左右。一茬亩产嫩荚 1 000 ~ 1 500kg。

(七)美国白花荷豆

株形较矮,粗壮,白花,软荚,荚长 12cm,宽达 2.5cm,荚质脆嫩,产量高。

(八)法国白花大荚

植株生产势中等,株高 60 ~ 75cm,叶片较大,始花节位较低,花白色,豆荚宽大扁平,荚质脆嫩,产量高。

(九)大荚豌豆

广东地方品种,茎粗大,株高 200 ~ 220cm,花紫红色,荚淡绿色,长 13 ~ 14cm,宽 3 ~ 4cm,口感爽脆清甜,品质好。

(十)草原 21 号

分枝性中等,嫩荚绿色,品质鲜嫩,适于整荚炒食、加工和速冻。

(十一)溶糖豌豆

中早熟,植株生长势较强,嫩荚绿色,荚大肉厚,质佳味香,适于炒食或做汤。

(十二)台湾荚

此品种通过杂交育种而成,株高 150 ~ 200cm,分枝力强,荚长 8~10cm,宽 2~2.5cm,品质好。

四、栽培关键技术

（一）栽培设施及时间

华北地区荷兰豆的春早熟栽培一般于 1 月上旬至 3 月上旬在保护地播种育苗。播种较早时,可用保温性能较差的日光温室;稍晚些播种,可用有草苫子覆盖的塑料中棚、小棚、风障阳畦栽培;在 2 月底至 3 月初播种,可用无草苫子覆盖的塑料大棚、中棚、小棚栽培。2 月中旬至 4 月上旬定植在保护地或露地,3 月下旬至 5 月下旬开始采收。秋延迟栽培的采收上市期是入冬开始,寒冬即结束。可采用保温性能一般的日光温室、塑料大棚、塑料中棚、塑料小棚;或保温性能稍差的温室、改良阳畦等。如山东地区多于 8 月中下旬播种,10 月下旬至 11 月初开始采收,直至 12 月下旬结束。如果有草苫子覆盖,可一直采收到翌年 3 月下旬。东北地区一般春茬播种时间比华北地区稍晚或采用保温性能更好的高效节能日光温室。

（二）华北地区大棚荷兰豆栽培技术

1. 茬口安排

一是秋冬茬,8 上旬播种育苗,9 月上旬定植,10 月下旬至翌年 1 月下旬收获;二是冬春茬,10 月上旬播种育苗,11 月上旬定植,12 月下旬至翌年 3 月下旬收获;三是早春茬,11 月中旬至 12 月上旬育苗,翌年 1 月上中旬定植,2 月上旬至 4 月下旬收获。

2. 栽培技术

（1）育苗。采用营养钵进行护根育苗。早春茬和冬春用干籽播种,而秋冬茬须进行浸种催芽再经低温处理,即完成种子的春化阶段后播种。方法是:在 20℃ 的温水浸种 2h 左右,而后取出催芽,每隔 2h 用清水冲 1 次,待种子露白后,放在 0~5℃ 下,处理 10 余天。将干籽或春化处理的种子播入营养钵,每钵 1 粒种子,然后放入苗床,覆盖细土2cm,其上覆盖地膜。播前打足底水。播后昼温保持25~28℃,夜温15~18℃,出苗后昼温逐渐降低至18~20℃为宜。定植前进行低温炼苗。

(2)定植。2~3片真叶时定植。定植前结合整地施足基肥,亩施充分腐熟的鸡粪3 500kg、过磷酸钙25kg、硫酸钾30kg,深翻耙平后扶垄,垄面宽30cm,高12~15cm,垄沟宽30cm。按株距15~20cm定植,亩栽8 000株左右。

(3)定植后的管理。

①温度:定植后3~5d内闭棚增温,促进缓苗。缓苗后至现蕾开花前,昼温保持20℃左右,超过25℃时放风,夜间不低于10℃。进入结荚期,以昼温15~20℃、夜温10~12℃为宜。随外界气温的变化,要注意掌握放风时间及放风量的大小,以维持正常的温度条件。②肥水:定植时浇足底水,显蕾前一般不再浇水施肥。当第一花结成小荚,第二花刚谢,进入盛花结荚期后加大肥水,每10~15d浇1次水,隔2次水带1次肥,每次每亩追施氮、磷、钾复合肥10~12kg。选择晴天上午顺膜下沟浇水,浇后及时放风排湿。③植株调整:当秧苗20~25cm时应及时搭支架扶蔓或用吊绳吊蔓。荷兰豆缠绕性差,须人工适当绑蔓和引蔓,以利透光,改善叶片的受光态势,提高光合效率。对于分枝能力较差的品种,可以在长到适当高度时打顶,促进侧枝萌发。进入盛花期,如发现落花落荚,可用5~10mg/L防落素喷花。

(三)日光温室荷兰豆栽培技术

1. 早春茬栽培

日光温室栽培多采用育苗移栽的方法,便于苗期管理,也可缩短占地时间。

(1)播种期确定。播种期应根据定植期来推算,日光温室早春茬的前茬一般为秋冬茬茄果类、瓜类或其他蔬菜,拉秧大约在12月上中旬至2月初,所以,早春茬的播种期应在11月中旬至12月下旬,12月下旬至2月上旬定植,收获期则在2月初至4月下旬。因播种育苗期正处于最寒冷的季节,所以育苗多在加温温室或日光温室多层覆盖的条件下进行。

(2)育苗及苗期管理。日光温室早春茬育苗可采用塑料营养钵或营养土方育苗。播种后的温度应控制在 10~18℃,利于出苗。出苗后降到 8~10℃,以防胚轴生长过长。定植前再次降温,最低温度可达 2℃左右。培育适龄壮苗是栽培成功的重要环节之一。苗龄过小,影响早熟;苗龄过大,容易早衰或倒伏,影响产量。适龄壮苗是 4~6 片真叶,茎粗节短,无倒伏现象。生理苗龄一般为 25~35d。

(3)定植。

①整地施肥:荷兰豆根系强大,分布较深,应深翻 25cm 以上。翻前施入优质农家肥 5 000kg、过磷酸钙 50kg,耙细搂平之后可做成 1m 宽的畦栽 1 行,或 1.5m 宽的畦栽 2 行。②定植方法:营养土方育苗时,为避免根系与下面土壤相连,应在定植前 3~5d 起坨围苗。塑料钵育苗时随栽随将苗子倒出即可。定植时在畦内开 12~14cm 深的沟,边浇水边将带坨的苗栽入沟内,水渗下后封沟覆土把平畦面。一般单行定植的穴距为 15~20cm,双行定植穴距为 20~25cm。

(4)定植后的管理。

①温度管理:缓苗期间温度应略高,从定植至现蕾开花前,白天温度保持在 20℃左右,超过 25℃时开始放风,夜间保持在 10℃以上即可。进入结荚期,白天温度 15~18℃、夜间温度 12~16℃为宜。随外界气温的回升,要注意掌握放风时间及放风量的大小,维持正常的温度条件,满足荷兰豆生长发育的需要。②肥水管理:定植后要底水充足,现蕾前一般不再浇水。现蕾后浇水一次,并亩施复合肥 15~20kg,然后进行浅中耕。结荚盛期一般 10~15d 随水每亩施肥 15~20kg。拉秧前 15d 停止施肥,拉秧前 7d 停止浇水。

2. 冬茬栽培

(1)播种时期。日光温室冬茬荷兰豆供应元旦至春节以及早春一段时间,所以播种期应早于春茬、晚于秋冬茬,一般在10月上中旬播种育苗或直播,11月上旬定植,12月下旬至翌年3月下旬收获。

(2)育苗。因育苗时温度较高,所以苗期管理以低温管理为主。适温为10~18℃,定植前降低到2~5℃,保持3~5d,以利于通过春化阶段,提早进行花芽分化。

(3)定植。每亩施优质农家肥5 000kg,铺施地面,深翻耙平。做畦时再每亩沟施过磷酸钙50~75kg、硫酸钾20~25kg。按1.5m宽、南北向做畦。定植时在畦中间开10~15cm深沟,按穴距20~22cm栽苗。每穴3~4棵苗,亩栽4 500~5 000穴,栽后浇水覆土。

(4)定植后的管理。

①温度管理:定植后至现蕾前,白天温度不宜超过30℃,夜间不低于10℃;整个结荚期以白天15~18℃、夜间12~16℃为宜。②中耕、支架:荷兰豆苗高20cm出现卷须时立即支架,一般需搭单排支架。中耕需在搭架前进行,搭架后不再中耕。一般浇缓苗水后划锄松土,搭架前再中耕一次即可。③肥水管理:因温度较低,定植时一般浇水较少,但缓苗后需浇缓苗水。日光温室冬茬栽培现蕾前一般不浇水、追肥,当第1花结成小荚,第2花刚谢时适时浇水。日光温室冬茬栽培需水量不大,每10~15d浇一次水,并随水亩施复合肥15~20kg。每次浇水量不宜过大,否则会引起落花落荚。④防止落花:进入开花盛期,发现落花严重,可用5mg/L防落素进行喷花,同时注意放风,调节好温、湿度。

五、采收

嫩荚豌豆的荚果一般从下而上逐渐成熟,常常是基部豆荚已经采收,而上部才正在开花或刚刚结荚,延续时间达1个多月,因此要分期采收。一般在开花后7~10d,荚已充分长大,且豆粒尚未发育时为采收适期。若采收过早,影响产量;采收过晚,则籽粒膨大、糖分降低、纤维增加而造成商品性差。一般采收标准是:豆荚长 6~7cm,厚 0.55cm 以下,鲜嫩、青绿、不露仁,无畸形,无虫口,无病斑,无机械损伤,荚蒂长不超过 1cm。盛收期每天采摘 1 次,采摘时不要伤荚,也不要伤枝蔓。蔓基部的豆荚要一次性采摘干净,以免植株养分转入豆荚种子,造成上部落花,影响嫩荚发育,收获后存放在阴凉处,分级销售。

第五节　设施豆类蔬菜病虫害及防治技术

一、豆科蔬菜锈病

豆科蔬菜锈病是豆科蔬菜的重要病害之一,在我国各地均有发生,对产量影响较大。

（一）症状

主要为害叶片(正反两面),也可为害豆荚、茎、叶柄等部位。最初叶片上出现黄绿色小斑点,后发病部位变为棕褐色、直径 1mm 左右的粉状小点,为锈菌的夏孢子堆。其外围常有黄晕,夏孢子堆 1 个至数个不等。

发病后期或寄主衰老时长出黑褐色的粉状小点,为锈菌的冬孢子堆。有时可见叶片的正面及荚上产生黄色小粒点,为病菌的性孢子器;叶背或荚周围形成黄白色的绒状物,为病菌的锈孢子器。但一般不常发生。

（二）防治方法

1. 选育抗病品种

品种抗病性差别大,在菜豆蔓生种中细花种比较抗病,而大花、中花品种则易感病。可选择适合当地栽培的品种。

2. 加强管理

及时清除病残体并销毁,采用配方施肥技术,适当密植。

3. 药剂防治

发病初期及时喷药防治。药剂有:15% 粉锈宁可湿性粉剂 1 000 ~ 1 500 倍液、50% 萎锈灵可湿性粉剂 1 000 倍液、25% 代敌力脱乳油 3 000 倍液、12.5% 速保利可湿性粉剂 4 000 ~ 5 000 倍液、80% 代森锌可湿性粉剂 500 倍液、70% 代森锰锌可湿性粉剂 1 000 倍液 +15% 粉锈宁可湿性粉剂 2 000 倍液等均有效。15d 喷药 1 次,共喷药 1 ~ 2 次即可。

二、菜豆炭疽病

(一)症状

菜豆整个生育期皆可发生炭疽病,且对叶片、茎、荚果及种子皆可为害。幼苗染病,多在子叶上出现红褐色至黑褐色圆形或半圆形病斑,呈溃疡状凹陷;或在幼苗茎部出现锈色条状病斑,稍凹陷或龟裂,绕茎扩展后幼苗易折腰倒伏,终致枯死。成株叶片病斑近圆形,如病斑在叶脉处,沿叶脉扩展时成多角形条斑,初红褐色,后转黑褐色,终呈灰褐色至灰白色枯斑,病斑易破裂或穿孔。叶柄和茎上病斑暗褐色短条状至长圆形,中部凹陷或龟裂。豆荚染病,初呈褐色小点,后扩大呈近圆形斑。稍凹陷,边缘隆起并出现红褐色晕圈,病斑向荚内纵深扩展,致种子染病,呈现暗褐色不定形斑。潮湿时上述各病部表面出现朱红色黏质小点病征(病菌分孢盘和分生孢子)。

(二)防治方法

(1)因地制宜地选育和选用抗病高产良种。

(2)选用无病种子,播前种子消毒。①可用种子重量 0.3% 的 50% 多菌灵可湿粉、40% 三唑酮多菌灵可湿粉、50% 福美双可湿粉拌种,或用种子重量 0.2% 的 50% 四氯苯醌可湿粉拌种;②药液浸种。用福尔马林 200 倍液浸种 30min,水洗后催芽播种;或 40% 多硫悬浮剂 600 倍液浸种 30min。

（3）抓好以肥水为中心的栽培防病措施。①整治排灌系统，低湿地要高畦深沟，降低地下水位，适度浇水，防大水漫灌，雨后做好清沟排渍；②施足底肥，增施磷钾肥，适时喷施叶面肥，避免偏施氮肥。注意田间卫生，温棚注意通风，排湿降温。

（4）及早喷药控病。于抽蔓或开花结荚初期发病前喷药预防，最迟于见病时喷药控病，以保果为重点。可选喷70%托布津＋75%百菌清（1：1）100～1 500倍液，或30%氧氯化铜＋65%代森锰锌（1：1，即混即喷），或80%炭疽福美可湿粉500倍液，或农抗120水剂200倍液，或50%施保功可湿粉1 000倍液，2～3次或更多，隔7～15d 1次，前密后疏，交替喷施，喷匀喷足。温棚可使用45%百菌清烟剂（4 500g/hm² · 次）。

三、菜豆枯萎病

（一）症状

一般花期开始发病，病害由茎基迅速向上发展，引起茎一侧或全茎变为暗褐色，凹陷，茎维管束变色。病叶叶脉变褐，叶肉发黄，继而全叶干枯或脱落。病株根变色，侧根少。植株结荚显著减少，豆荚背部及腹缝合线变黄褐色，全株渐枯死。急性发病时，病害由茎基向上急剧发展，引起整株青枯。

（二）防治方法

（1）选用抗病品种。

（2）种子消毒。用种子重量0.5%的50%多菌灵可湿性粉剂拌种。

（3）与白菜类、葱蒜类实行3～4年轮作，不与豇豆等连作。

（4）高垄栽培，注意排水。

（5）药剂防治。发病初期开始药剂灌根，选用的药剂有：96%"天达恶霉灵"粉剂3 000倍液＋"天达－2116"1 000倍液、75%百菌清（达科宁）可湿性粉剂600倍液、50%施保功可湿性粉剂500倍液、43%好力克悬浮剂3 000倍液、70%甲基托布津可湿性粉剂 500 倍液、20% 甲基立枯磷乳油 200 倍液、60% 百泰可分散粒剂 1 500倍液、10% 苯醚甲环唑可分散粒剂 1 500倍液、50% 多菌灵可湿性粉剂 500 倍液、10% 双效灵水剂 250 倍液等,每株灌 250ml,每 10d 一次,连续灌根 2~3 次。

(6)及时清理病残株,带出田外,集中烧毁或深埋。

四、菜豆细菌性疫病

又名菜豆叶烧病、菜豆火烧病。寄主菜豆、豇豆、扁豆、小豆、绿豆等多种植物。菜豆常见病。发生普遍,为害较重,轻者可减产 10% 左右,重者减产幅度可达到 20% 以上。全国各地均有发生。

(一)症状

主要为害幼苗、叶片、茎蔓、豆荚和种子。

幼苗:发病子叶红褐色溃疡状,叶柄基部出现水浸状病斑,发展后为红褐色,绕茎一周后幼苗即折断、干枯。

叶片:多从叶尖或叶缘开始,初呈暗绿色油渍状小斑点,后扩大为不规则形,病部干枯变褐,半透明,周围有黄色晕圈。病部常溢出淡黄色菌脓,干后呈白色或黄白色菌膜。重者叶上病斑很多,常引起全叶枯凋,但暂不脱落,经风吹雨打后,病叶碎裂。高温高湿环境下,部分病叶迅速萎凋变黑。

茎蔓:茎蔓受害,茎上病斑呈红褐色溃疡状条斑,中央稍凹陷,当病斑围茎蔓一周时,其上部茎叶萎蔫枯死。

豆荚:豆荚上的病斑呈圆形或不规则形,红褐色,后为褐色,病斑中央稍凹陷,常有淡黄色菌脓,病重时全荚皱缩。

种子:种子发病时表面上出现黄色或黑色凹陷小斑点,种脐部常有淡黄色菌脓溢出。

(二)防治方法

1. 农业防治

(1)与非豆科蔬菜实行 2~3 年的轮作。

（2）选用抗病品种,蔓生种较矮生种抗病。从无病田留种。

（3）及时除草,合理施肥和浇水。拉秧后应清除病残体,集中深埋或烧毁。

2. 物理防治

播种前种子用45℃恒温水浸种10min。

3. 药剂防治

（1）播种前种子用高锰酸钾1 000倍液浸种10～15min,或用硫酸链霉素500倍液浸种24h。

（2）开沟播种时,用高锰酸钾1 000倍溶液浇到沟中,待药液渗下后播。

（3）发病初期喷14%络氨铜水剂300倍液,或77%氢氧化铜可湿性粉剂500倍液,或50%琥胶肥酸铜可湿性粉剂500倍液,或72%农用硫酸链霉素可溶粉剂3 000～4 000倍液,或新植霉素4 000倍液。每隔7～10d喷1次,连续2～3次。

五、豇豆煤霉病

豇豆煤霉病又称为叶霉病,各地均有发生,是豇豆的常见病和重要病害,染病后叶片干枯脱落,对产量影响较大。除豇豆外,还可为害菜豆、蚕豆、豌豆和大豆等豆科作物。

（一）症状

主要为害叶片,在叶两面出现直径1～2cm多角形的褐色病斑,病、健交界不明显,病斑表面密生灰黑色霉层,尤以叶背最多。严重时,病斑相互连片,引起叶片早落,仅留顶端嫩叶。

（二）防治方法

采取加强栽培管理为主、药剂防治为辅的防治措施。

（1）加强栽培管理。收获后清除病残体,实行轮作,施足腐熟有机肥,配方施肥;合理密植,保护地要及时通风,以增强田间通风透光性,防止湿度过大。发病初期及时摘除病叶,减轻后期发病。

（2）药剂防治。发病初期喷施 25% 多菌灵可湿性粉剂 400 倍液、70% 甲基托布津可湿性粉剂 800 倍液、77% 可杀得微粒粉剂 500 倍液、40% 多硫悬浮剂 800 倍液、50% 混杀硫悬浮剂 500 倍液或 14% 络氨铜水剂 300 倍液，隔 10d 一次，连续用药 2～3 次。

模块八 设施根类、薯芋类蔬菜生产技术

第一节 萝 卜

萝卜有很多优良品种,各品种的栽培、用途和对环境条件的适应性都有差异,故利用品种的特性,选择适宜的品种,进行多季节栽培,可高产优质和全年供应。长江中下游地区依播种生长季节分为秋季栽培、夏季栽培和春季栽培,其中以秋季栽培为主。近年由于生食萝卜需求增加,春、夏萝卜的栽培面积有所扩大。

一、设施生产茬口安排

萝卜的反季节栽培一般选用塑料大棚或节能日光温室。在塑料大棚内栽培,播期适当推迟,最好将萝卜肉质根膨大期安排在冷凉季节。随着萝卜晚抽薹品种的选育和引进,华北地区多春季反季节栽培,其栽培面积大,效益高,在河北、山东等地广泛种植。小萝卜(四季萝卜)则可多季栽培。萝卜春种的反季节栽培必须采用晚抽薹品种,并进行高垄栽培。

二、适宜设施生产的萝卜优良品种

萝卜品种很多,根据栽培季节可分为春萝卜、夏萝卜、秋萝卜和四季萝卜。但适合春季栽培的萝卜品种除具有冬性强、耐抽薹的特性外,还要求在肉质根膨大期耐热、抗病,同时早熟丰产。生产上栽培的主要品种有以下几种。

(1)白玉春。从韩国引进的适合春播的品种。目前种植比

较普遍。成熟早，高产，无纤维，抽薹晚，品质优良。生长势强，叶丛直立，肉质根白色，圆柱形，单根重 1.5kg 左右。生育期 70～75d。

（2）富春大根。从韩国引进的适合春播的大型品种。目前种植比较普遍。成熟早，高产，无纤维，抽薹晚，品质优良。生长势强，叶丛直立，肉质根白色，有绿肩，长圆柱形，根长 40cm 左右，地上部 10cm，直径 7cm，单根重 1.2～2kg。生育期 70d 左右。

（3）长春大根。从韩国引进的大型春播品种。抽薹晚，叶浓绿，根皮白色，品质优良，有绿肩，长圆柱形，根长 40cm 左右，地上部 10cm，直径 7cm，单根重 1.2～2kg。生育期 70d 左右。

（4）花叶大白萝卜。从韩国引进的可春播和秋播的萝卜品种。叶簇半匍匐，花叶深裂，每株有叶片 25 片左右，每片叶有 5～7 个小裂叶。肉质根全白，锥形，长 35cm，粗 8cm，1/3 露出地面，单根重 800g 左右。品质细嫩，水分多，甜脆，可生食。每亩产量为 3 000kg 左右。

（5）长者 1 号。叶簇直立，花叶类型。肉质根圆柱形，膨大快，整齐一致，根长 32～40cm，直径 6～10cm，单根重 1kg 以上，表皮洁白光滑，肉质脆嫩，歧根、裂根少，糠心迟。耐抽薹，适宜春季露地和大棚栽培，播种后 60d 即可收获。

（6）长者 2 号。叶簇直立，花叶类型。根长 30～34cm，直径 6～7cm，单根重 1kg 左右，表皮洁白光滑，肉质脆嫩，品质佳，商品性好。耐低温，耐抽薹，适宜各地春季露地和大棚等保护地栽培。

（7）长者 3 号。叶簇直立，花叶类型。肉质根整齐一致，圆柱形，根长 25cm，直径 6～10cm，单根重 1kg 左右，表皮洁白光滑，肉质脆嫩，品质好。耐寒性强，耐抽薹，适宜春季露地和保护地栽培。

（8）大棚大根。从韩国引进的大型春播品种。抽薹晚，叶浓绿，根皮白色，品质优良，有绿肩，长圆柱形，单根重1.5kg左右。是目前早春萝卜栽培的主栽品种。

适合夏季播种的抗热萝卜品种有以下几种。

（1）丰惠。从泰国引进的杂交一代。叶簇半直立，花叶类型。肉质根长圆柱形，根长40~45cm，直径7~8cm，单根重1.5kg。地上部皮色浅绿，地下部白色，肉质脆嫩，风味好。生育期85~90d，抗病、抗逆性强，适于百般季栽培，华北地区6—8月播种，国庆节前后上市。南北方均可种植。

（2）惠美。从泰国引进的杂交一代。耐热，早熟品种。外皮乳白色，叶簇直立，板叶类型。肉质根长圆柱形，根长约30cm，直径5.5cm，风味好，品质佳。播后40~45d即可收获，高温条件下不糠心、黑心，适于夏季栽培。每亩产量为3 000kg以上。

樱桃萝卜是近几年栽培较多的类型，可以弥补淡季之不足，填补茬口，同时也可以满足人们对蔬菜花色品种的需要。生产上主要栽培的品种有以下几种。

（1）玉笋。德国小萝卜品种。根皮白色，肉白色，水分多。根长20cm，肉质根中部略粗，直径3cm左右，上部2.5cm，下部1~2cm，单根重50g。叶片浅绿色。从播种到收获冬天为50~55d，夏天为30d。适宜冬春保护地和春季露地栽培。行株距10cm见方。

（2）四缨萝卜。北京地方品种。叶簇直立，板叶。肉质根圆锥形，长6cm，直径2.6cm，单根重15~20g。根皮红色，肉白色，质细脆嫩，品质好。春季生育期40d。

（3）红樱桃萝卜。肉质根圆形，直径2~3cm，单根重15~20g。根皮红色，肉白色，质细脆嫩，品质好，色泽美观。生长迅速，生育期25~30d。适应性强，喜温和气候，不耐炎热。可与生菜或其他矮形蔬菜套作栽培。

（4）二十日大根。由日本引进的品种。肉质根圆形，直径2~3cm，单根重15~20g。根皮红色，肉白色，质细脆嫩。生长迅速，生育期25d左右。适应性强，喜温和气候。在春季和冬季可利用露地和保护地排开播种，周年供应，也可与其他蔬菜间作套种。

（5）四十日大根。由日本引进的品种。肉质根圆形，直径2~4cm，单根重20~25g。根皮红色，肉白色。生长迅速，生育期30~40d。适宜温和气候，不耐炎热。

三、设施萝卜栽培技术

（一）塑料薄膜大棚萝卜栽培技术

1. 品种选择

大棚萝卜栽培一般选白玉春，该萝卜品种生长旺盛，叶片少，根膨大快，不易抽薹。根长圆筒形，根形美观，根皮光滑洁白，肉质清甜，口感好。单个重1.2~1.8kg，不易糠心，极少发生歧根、裂根。早熟，播种至初收只需60d，每亩产量5 000kg以上，抗性强，品质佳，商品性好，是反季节蔬菜栽培的理想品种之一。

2. 整地施肥

要求土层深厚，土质疏松，有机质含量高，排水良好，无污染。翻耕前每亩施充分腐熟的农家肥2 000kg以上，9月中下旬至10月上旬翻耕后晒垄2~3d，每亩施三元复合肥75kg作基肥，再翻耕1次。畦面要整平整细，畦宽2m。然后进行土壤消毒杀菌和地下害虫的防治。杀菌药剂选用50%多菌灵600倍液或70%甲基托布津800~1 000倍液喷雾，杀虫药剂可选用48%乐斯本乳油800~1 000倍液喷雾。

3. 分期播种

春节期间上市，播种期为9月中下旬；春节后上市，播种期为 10 月中下旬。播种前充分晒种，每亩播种量 0.15kg。播种方式采用打穴点播，株行距 25cm×30cm，每亩密度为 8 000 穴。每穴播 2~3 粒种子，然后盖上腐熟土杂肥，浇足水。播后苗前每亩用 90% 禾耐斯 50mg 对水 50kg 土壤处理以控制草害。

4. 田间管理

（1）定苗。播种后 4~6d 开始出苗，长出 2~3 片真叶后开始间苗。间苗后每穴定苗 1 株，每亩栽苗 8 000 株左右。

（2）扣棚及管理。白玉春萝卜在江淮之间较适宜的扣棚时间为 11 月中下旬。当日平均气温降至 10℃ 以下时开始覆膜。该品种较耐低温，扣棚后遇晴好天气，白天揭膜放风，遇冷空气或阴雨天，盖上薄膜。元旦前多放风，元旦后气温较低，应少放风或不放风，棚内温度保持在 10~20℃。

（3）肥水管理。棚内相对湿度保持 70% 以下。在 6~8 叶期，追肥 1 次，每亩用尿素 15kg 对水浇施。少量杂草可人工拔除。

（二）日光温室萝卜栽培技术

1. 整地、施肥、做畦

温室栽培的萝卜宜选择土层深厚、排水良好、土质肥沃的沙壤土。整地要求深耕、晒土、细致、施肥均匀。目的是促进土壤中有效养分和有益微生物的增加，同时有利于蓄水保肥。一般每亩施腐熟有机肥 4 000~5 000kg、磷酸二铵 40kg，进行 30~40cm 深耕，整细耙平，然后按 80cm 宽、30cm 深做高畦备用。

2. 播种

温室萝卜播期一般在 11 月下旬至 12 月上旬，选择籽粒饱满的种子在做好的畦面上双行播种，每穴 2~3 粒种子，覆土 1cm 厚，按行距 40cm、株距 25cm 在畦面上点播。

3. 苗期管理

萝卜出土后，子叶展平，幼苗即进行旺盛生长，应掌握及早间苗、适时定苗的原则，以保证苗齐、苗壮。第一次间苗在子叶展开时，3 片真叶长出后即可定苗。

4. 田间管理

（1）水肥管理。萝卜定苗后破肚前浇 1 次小水，以促进根系发育；进入莲座期后，叶片迅速生长，肉质根逐渐膨大，应立刻浇水施肥，每亩冲施硫酸接 20 ~ 25kg。萝卜露肩后结合浇水，每亩冲施三元复合肥 30 ~ 35kg，此时是根部迅速膨大期，应保持供水均匀，土壤湿度保持 70% ~ 80%。浇水要小水勤浇，防止一次浇水过大，地上部徒长。

（2）其他管理。温室萝卜浇水后要及时放风，能有效降低棚内湿度，防止病虫害发生。中耕松土宜先深后浅，全生育期 3 ~ 4 次，保持土壤通透性并能有效防止土壤板结。另外，生长初期需培土拥根，使其直立生长，以免产品弯曲，降低商品性。生长中后期要经常摘除老黄叶，以利于通风透光，同时加强放风，有条件情况下进行挖心处理。

四、采收

当根部直径膨大至 8 ~ 10cm、长度在 25 ~ 30cm，萝卜根充分肥大后，即可采收。采收时萝卜叶留 10 ~ 15cm 剪齐，既美观又增加商品性，分等级包装上市销售。

第二节　生　姜

生姜又叫姜、鲜姜。属襄荷科姜属的多年生宿根植物，为我国重要蔬菜之一。除东北、西北寒冷地区外，大部分省（区），如江西的兴国、抚州、上高，安徽的铜陵、休宁、舒城、阜阳、凤阳，山东的莱芜，湖南的郴州、耒阳，浙江的嘉兴、余杭，湖北的枣阳、来凤。还有云南、四川、贵州等均有栽培。仅台湾一个省每年就有 2 001 万 m² 的栽培面积。

生姜是我国人民普遍食用的香辛调味品，有"菜中之祖"的称号。烹调蔬菜时放些生姜可使菜味清香可口，烧炖鱼肉时放些生姜能去腥膻，增鲜添香。生姜除作调味品外，还可加工制成姜片、姜粉、姜油、糖姜、醋姜、糟姜、酱姜、盐姜、泡姜等，供常年食用。此外，生姜是化工上提取香精的原料。糖姜、姜片和姜油可以出口外销，换取外汇。

一、形态特征

姜在原产地为多年生宿根植物，在我国作为一年生作物栽培，根系不发达，分布在表土 33cm 范围内。茎主要在地下，发育为肥大肉质根状茎，并可分生一、二、三次生根茎。地下根茎皮为黄色、淡黄色或浅蓝色。在嫩芽及节处的鳞片为紫红色或粉红色。姜的地上茎（假茎）直立，高 0.7～1m。叶片披针形，具筒状革质叶鞘，绿色，叶脉平行，叶互生，排成两列。姜在热带开花，花色一般为黄色，广东有开红花的品种。

姜是利用老熟的地下根状茎进行无性繁殖的。种姜播后从节上发生新芽。新芽不久便开始膨大形成初生根茎，其茎部发生幼根，随着初生根茎的成长，抽出假茎和叶，形成新的植株。新生植株一方面继续利用种姜的养分，一方面自己又能吸收和制造养分，初生根茎以后发育成为"母姜"。在母姜膨大和抽生地上茎的过程中，母姜上的腋芽开始萌发。母姜一般具有 7～10 节，但多数只在 2～6 节两侧的腋芽活动。新芽发生的同时陆续膨大形成二次生根茎，称子姜。随着子姜的生长，其上腋芽活动和膨大，并发出新根、假茎和叶，形成三次生根茎，称为孙姜。以后还可发生四次生、五次生根茎。第一、第二生根茎的姜叶生长量最大，是全株中主要同化器官。三次生以后的根茎一般有少量叶子，有的没有叶子。一般在二次生根茎形成后发根偏多。整个根状茎排列成不规则的掌状。母姜发生最早，每株只有 1 个，重量最轻。子姜和孙姜的根茎，每株有 3~4 个，重量最大，是构成产量的主要部分。三次生以后的根茎数目虽多，但重量不大。

二、对环境条件的要求

由于生姜原产在印度尼西亚多雨森林地区，要求阴湿而温暖的环境。生长期间的适宜温度为 25~28℃，不耐寒，地上部遇霜冻即枯死，地下部也不能忍耐 0℃ 的低温，也不耐热。如温度过高，阳光直射，则生长受阻，在栽培上应设法遮阴。

对土壤湿度的要求严格。片姜抗旱力不强，如长期干旱则茎叶枯萎，地下茎不能膨大。若雨水过多，又会引起徒长或地下茎腐烂。

栽培在含腐殖质少的沙壤土上的，产量较低，但地下茎的辛辣味较强，适于作为种姜或制作干姜；而在含腐殖质多的土壤或黏壤土上栽培的，产量较高，辣味较淡，组织较嫩，适于鲜食。

姜对肥料三要素的吸收，以钾为最多，氮次之，磷最少。

姜根系不发达，抗旱力不强，对土壤、水分要求极严格。生长期中若过分干旱，则茎叶枯萎，根茎不能充分膨大。但降雨过多或土壤过分潮湿，往往引起徒长，根茎也不能很好膨大。酷热多雨时，容易发生病害。生姜忌连作。

三、主要栽培技术

(一) 土壤选择

生姜喜欢温暖湿润的气候条件。由于生姜根系生长较弱，所以种生姜的地，应选择山区凉爽的沙壤土或黏壤土。姜易发生腐败病，不宜连作，也不能用种过芋头、红薯、茄子、烟叶、马铃薯等易引起病害作物的地来种生姜。在有条件的地方，可与水稻和十字花科蔬菜、豆科蔬菜等实行3～4年轮作。姜生长期长，又不耐强烈阳光。前期可套种春作物，后期可间套搭架的瓜、豆遮阴。

（二）选种和催芽

种姜要求块大、粗壮、皮色鲜艳。种姜的芽要粗而质脆，芽眼水红色，姜断面浅黄色，香味浓厚，掰开时，姜块没有黄褐色圈纹，否则是病姜，不宜作种。为了防治腐败病，在播种或催芽前用1－1－120的波尔多液浸种20min。

种姜在播种前数天晒2～3d，可以提高种姜温度，减少水分，也能提早发芽，种姜经催芽后播种，可提早出芽，出芽整齐，叶数多，植株高大粗壮，产量高。熏烟催芽还有预防姜腐败病的作用，加温苗床催芽，床温应维持20～25℃。带病种姜经催芽后病症易表现出来，可及早剔除。

（三）整地施基肥

种姜的发芽和幼苗的生长对土壤温度、水分和空气的要求较高。一是土壤疏松，一畦内土层深浅一致，要求深耕33cm左右，耕后晒白，如果土面高低不平，就会在一块田内干湿不匀，高的地方水分不足，种姜难以萌动，或已萌动但幼芽不能迅速破土出苗。低处土壤吸湿饱和，种姜浸在水里，不但不出苗，而且迅速腐烂，所以生姜整地一定要平。二是土块不可过大，由于生姜主根不长，侧根又少，且分布不广，要求耕作层的土壤细碎，孔隙不宜过大。如果土块大，吊空多，侧根无处着生，生姜出土慢。三是沟要直而深，生姜的畦不可太宽，畦沟宜深宜直，以保证雨停地干，畦面无积水，畦沟水流畅通前作为绿肥的姜田，在种植前半个月左右要进行翻耕，耕后耙碎。最好每亩施石灰50kg，以促进绿肥加速腐烂，种植以前，再精耙1次，即开沟做畦，畦宽0.7m，种姜1行，畦沟宽20～27cm，深17cm，畦的长度，在不影响排水的前提下随地形而定，以便机械耕作，一般土质黏重，地下水位较高的姜田以深沟窄畦为好，畦间以东西向为宜，坡地种姜一定要按等高线把地块整成水平梯田，从下而上逐渐种植。

生姜对氮、磷、钾的吸收，一般是氮、钾较多，磷较少。姜的生长期，需肥量大，宜多施堆肥或其他有机肥料作基肥，一般每亩施干畜粪 5 000kg 左右。重庆石马河一带用 50% 浓度猪粪尿作基肥，每亩 7 000～7 500kg，施于栽植沟内，待土壤吸收后栽植，再用堆肥盖住种姜，效果很好。据湖南各地调查，在一般肥力中等的姜田，基肥要占总施肥量的 60%～80%，每亩施土杂肥 6 000～7 500kg 作基肥。在远郊或山区种姜，可在冬季种绿肥作基肥。

（四）栽植

为提高单产，当天气转暖后，应抓紧时间栽植。江西兴国县一般在 3 月上旬晒姜烘芽，3 月下旬栽植，最迟在 4 月 20 日以前种完。行距一般 46～53cm，株距 23～26cm，每亩种 4 000～6 000 株，下种时要将大块的种姜掰开，每块姜种重 25～60g，在每块种姜上只留 1～2 个中部最粗壮的芽，其余全部除去，然后按栽植行株距，摆好姜种，姜芽边放一把草木灰或火土灰，再用 5cm 厚的猪牛栏粪、草皮等盖住种，肥料上再撒上一层薄土，然后用稻草或杉树枝叶覆盖畦面，以保持土壤水分和防止杂草生长。

（五）追肥

生姜各生育期对各种养分要求的数量不同，单靠基肥还不能满足生姜在生长旺盛阶段对养分的大量需要。因此，在施足基肥的基础上还要分期追肥。根据试验表明，施足基肥、轻施苗肥、稳施子姜肥、重施孙姜肥、补施后期肥是充分提高肥料利用率，夺取生姜优质高产的关键。追肥的种类：可选用复合肥 40～50kg、过磷酸钙 50～60kg、腐熟枯饼 75kg、草木灰 160 担、塘泥 10 000kg、尿素 15～25kg。

（六）灌溉和排水

姜喜湿润又忌渍水。土壤干旱会影响生长，降低产量，积水易引起根茎的腐败病。故灌溉和排水要适时进行。出苗后到收获前，土壤不能干旱，特别是7—8月正是生长旺盛时期，若气候干旱，应及时灌溉，可于早晨或傍晚土温降低后进行，灌水深度不宜超过地下茎高度。夏季雨水多时，要注意排水。7月天热暴雨多，容易发生细菌性腐败病，除及时排除水外，可用0.1%代森铵液每7～10d喷洒1次，效果很好。

（七）适时取娘姜

生姜长到5～6片真叶后，应进行松土取娘姜。取娘姜是最重要的1次中耕。通过中耕，翻松表土，才便于取娘姜。生姜取种姜的作用是：一是回收种姜，降低成本。因种姜下地后，在适宜的土壤环境中并不腐烂，也不变质。如果每亩下种量以250kg计算，取娘姜的方法得当，仍可回收种姜200kg，每亩成本可降低八成。二是在掏取娘姜时，要细心慎重，务必翻松土壤，使土壤通气良好，促进地下茎迅速膨大，特别是要使须根向四周伸长，以利于吸收土壤养分，供给茎叶生长。

取娘姜的时间和方法。俗话说："立夏种姜、夏至取娘。"这句话有一定的科学性，提出了生姜下种，不能太早，过早地温低，热量不足，易导致烂种死苗；太迟则误了农时。在采取娘姜之前，可用手指按住姜苗基部，勿使基部受伤。如果覆盖物太紧，应事先松动土层，露出姜块，然后用手扳起种姜块，如将子姜块板动，应当即覆土，并浇施肥水，使根系与泥土紧连。有时还要设法遮阴，以降低温度，减少蒸发，使之迅速返青，恢复生长。取娘姜的时间，一定要在晴天，最好在取娘姜后3d不下雨。因为下雨会使娘姜受伤部位受到病菌感染。当土壤湿度太大时也不宜取娘姜，一是地湿泥稀，取姜操作不便，且易踏实土壤；二是取出的种姜需暴晒，增加工作量；三是土湿，姜株侧根容易拔起，对姜株生长不利。因此，应在土壤湿度小于20%时进行取姜为宜。

对于弱苗及生长不旺的植株，不取娘姜有利于植株生长。取娘姜一定要在培土盖草前进行。如果生姜培土后，再取娘姜，必定动土伤根，对生长不利。

（八）培土保墒、盖草防晒

生姜到了分蘖盛期，又已取过娘姜，在进行最后1次中耕除草时，必须结合培土。因为生姜地下茎的膨大，需要松软的土壤环境，而且根系向上膨大的生长特性强烈，这一特性与其根系不发达的生态特征是相适应的。生姜主根不向下扎，须根细小而少，养分的由来均靠耕作层。当生姜进入孙姜期时，其孙姜块已露地表，因此，必须培土覆盖。在培土时，应结合增施土杂肥。这样，一来可培高土层，稳定植株基部，少受风雨摇洗，损伤根系；二来便于储藏输送养分。所以，丰产姜田末次中耕，要在增施土杂肥后培土，将姜行培成龟背形，加高土层10~13cm，不使姜块外露。据试验表明，培土后的生姜，不但产量高，而且品质也好。在培土时，既不可动根，又不可伤苗，还要防止折断枝叶，因为生姜每片叶都有它的功能。

生姜地盖草非常重要。下种时盖草，能稳定地墒，促进出苗；分蘖期盖草，能降低地温，减少地表蒸发，还能免除杂草滋生，创造有利于微生物的活动环境，使土壤疏松。覆盖物要求不严，稻草、麦秆、青草均可。

（九）搭棚遮阴

生姜的植株，不耐强烈日光的照射，所以姜农都有搭棚遮阴的习惯。浙江姜农一般在6月上旬，当姜苗高13~17cm，有1~2个分蘖时，即在畦面用竹竿搭成1m高的水平架，架上撒一层麦秆、油菜秆、稻草、芦苇等，但不要铺设太密，以使棚架下面没有直射的太阳光，但又有散射光为宜。如果遮盖过厚，则阳光不足，姜容易徒长，地下茎瘦弱，不能丰产，到了白露前数天，气温已转凉爽，可以拆除篷架。有的姜农没有搭棚的习惯,但在姜的行间栽上丝瓜、苦瓜、豆角,搭上垂直篱壁架或在姜苗上撒上一层稻草,也能起到遮阴的效果。6月上中旬在姜苗上盖上遮阳网效果更好。

第三节　设施根类、薯芋类蔬菜病虫害及防治技术

一、黑腐病

(一) 症状

细菌性病害,感染黑腐病后从植株叶缘开始变黄色。病势逐渐发展后,与健全植株比较,根部稍带米黄色,切开与健株比较,根的内部变空,呈黑色。在诊断上应予注意是否有软腐病菌的侵入。

(二) 防治方法

黑腐病病菌附着在种子上或在土壤中残存,从虫害等的伤口侵入。进行种子消毒和防治虫害很重要。

(1) 种子处理。温汤(55℃)浸种5min,或药剂处理种子都有效。

(2) 药剂防治。可选用72%农用链霉素可湿性粉剂5 000倍液、新植霉素100万单位5 000倍液、52%丰护胺可湿性粉剂600～800倍液、30%DT可湿性粉剂600倍液、47%加瑞农可湿性粉剂600～800倍液或43%戊唑醇悬浮剂(好力克)2 000～3 000倍液喷雾,每7d用药1次,连续喷雾2～3次。

二、软腐病

(一) 症状

细菌性病害,感染软腐病的根菜类蔬菜下部叶片没有生机,

变黄色、枯萎，拔起来看，连接叶的根部呈米黄色水浸状软腐。根的内部为淡褐色，病情严重时根变空并散发出恶臭。

（二）防治方法

参照黑腐病。

三、病毒病

（一）症状

感染了病毒病的萝卜，开始时新叶呈浓淡绿色镶嵌的花叶状，有时发生畸形，有的沿叶脉产生耳状凸起。叶片逐渐变黄、皱缩、生长差。如幼时受侵染，植株矮缩，根不膨大。

（二）防治方法

目前还没有有效的化学方法防治植物病毒病，必须采取综合防治措施防治病毒病。如选用抗病或耐病品种，避免种子种苗带毒，栽培防病（通过提前或推迟播种期）使病毒病发生程度减轻，控蚜防病（拉挂银灰色条）苗期防蚜防病等，同时防止接触侵染，接触病株后要用肥皂洗手，以钝化病毒。

目前常用防治病毒病的化学制剂有以下 3 种：8% 宁南霉素（菌克毒克）600 倍液喷雾，每 7～10d 喷洒一次，连续 2～3 次；15% 植病灵，每亩用量 60～120ml，对适量水喷雾，每 7d 一次，共喷 3～4 次；83 增抗剂，是一种耐病毒诱导剂，也用于防治多种蔬菜病毒病。定植前后喷洒，用量为每亩 600～1 000ml，对适量水喷雾，每 7d1 次，共 3～4 次。

四、黑叶斑病

（一）症状

真菌性非菌卵病害，病菌侵害植株的叶、叶柄等地上部。开始时老叶上产生褐色小斑点，病斑互相联合成大的病斑。病叶从叶缘开始枯萎，病情重时根不易膨大。根膨大时缺肥会导致发病多。

（二）防治方法

可选用72%普力克水剂600～800倍液、64%安克锰锌可湿性粉剂1 000倍液、64%杀毒矾可湿性粉剂800倍液、72%克露可湿性粉剂800倍液、80%山德生可湿性粉剂800倍液或80%代森锰锌可湿性粉剂800倍液叶面喷雾，每7d1次，共3～4次。

五、姜瘟病

（一）症状

植株近地面处先发病。发病初，叶片卷缩，下垂而无光泽，而后叶片由下至上变枯黄色，病株基部初呈暗紫色，后变水渍状褐色，继而根茎变软腐烂，有白色发臭黏液，最后地上部凋萎枯死。

（二）防治方法

轮作换茬；选用无病姜种；拔除病株，挖去带菌土壤，并在穴内施石灰；发病初期交替用敌克松、抗菌剂401、代森铵、农用链霉素等喷洒。

模块九 设施葱蒜类蔬菜生产技术

第一节 大 葱

一、生产季节

葱适应性强，生产青葱收获期不严格，故可分期播种，周年生产，均衡供应。冬大葱生长期长，对栽培季节要求严格，北方一般秋季播种育苗，翌年夏季定植，冬前收获。南方地区可春播或秋播，春播生长时间短，产量较低。

大葱的栽培茬次较多，可依据当地的气候特点和市场需要灵活安排。秋播以幼苗越冬的大葱，播期要求严格，以幼苗越冬前有 40~50d 的生长期，秧苗具有 2~3 片真叶，株高 10cm 左右，假茎粗 4mm 以下为宜。秧苗过小，抗寒性差，不利于安全越冬；过大，则易通过春化，引起翌年先期抽薹。

二、大葱设施生产技术

大葱是我国中、北部地区重要的蔬菜之一，种植面积较大，一般秋季播种育苗，翌年夏季定植，冬前收获。河南、山东为大葱主栽区，近几年，在传统大葱栽培的基础上，开展反季节生产技术研究，收到了良好的效果。通过采取反季节种植收获方式，错开了传统栽培大葱的上市时间，价格高，可以大大提高种植效益。

（一）品种选择

种植反季节上市的大葱，应选择抗寒、抗抽薹、抗热、抗病且品质优良的大葱品种。如郑研寒葱、南胡 1 号大葱、山东章丘中华葱王、北京高脚白葱、中华巨葱等。

（二）培育壮苗

应选择地势平坦、旱能饶、涝能排的地块，前茬 3 年以上未种植葱蒜类蔬菜。每亩施腐熟细碎的厩肥 5 000～6 000 kg，浅耕细耙后整平做畦。畦净宽 1.0～1.2 m，畦埂宽 20～23 cm，高 8～10 cm。畦做好后，先在畦内每亩撒施氮、磷、钾各含 15% 的三元素复合肥 25 kg，锄透搂平，开沟条播或撒播。每亩用种量 3～4 kg。

齐苗到 5 叶期，进行 1～2 次间苗。苗距 1.0～1.5 cm，淘汰弱苗、病苗。结合间苗，拔除未被除草剂杀死的杂草。如果幼苗生长较细弱，可结合浇水适当追肥。每亩随水冲施尿素 7.5～10 kg。间隔 20 d 冲施 1 次，共冲施 2 次。

（三）定植

将葱苗严格分级后，按行距 80 cm，株距 1.5～2.0 cm 开沟定植。沟内葱苗排好后要适量施用压根肥。每亩施用腐熟厩肥 5 000 kg 和 25 kg 三元素复合肥，结合开下道沟，压根肥上面再适当覆一层细湿土。厚度以压根肥加土不埋没生长点为宜，并稍加镇压。

（四）田间管理

缓苗后土壤湿度保持在饱和持水量的 70% 左右为宜。旱则浇水，浇后适时中耕松土，以利保墒和增加土壤透气性，促进根系发育。随着生长速度的加快和叶量的大量增多，植株对土壤营养的需求量急剧上升。为保证高产，必须及时追肥，每次每亩追施尿素 15～20 kg。顺沟撒施，施后浅锄埋肥，以防浇水时肥料随水集中到下水头，以达均衡施肥的目的。同时增施一定量的磷、钾肥，以提高大葱的产量和改善品质。

葱白的长短，主要由培土的多少来决定。一般反季节大葱，需要培土3~4次才能保证葱白长度达到70~80cm。每次培土的厚度以不埋没生长点为标准。越冬栽培的反季节大葱，在大地封冻前进行一次厚培土，尽量减少叶子的干枯量，蓄积营养，保证冬后早发。

（五）收获

越冬反季节大葱可视市场行情决定采收时间。为保证品质，最好在抽薹前和葱薹较小时收获上市；9月育苗的可在翌年8月市场行情较好的时期收获上市。

（六）重茬地土壤处理技术

种植大葱不宜重茬，否则严重影响产量，如果重茬种植，必须对土壤进行处理。处理方法：增施腐熟的农家肥和磷、钾肥，补充大葱生长所需的微量元素，如硫、锌、钙、镁、铁等，促使大葱健壮生长，提高抗病能力。用绿亨1号对土壤进行杀菌处理，移栽前沟施辛硫磷农药灭杀地下害虫。

第二节　韭　菜

一、生产季节

韭菜耐寒，耐弱光，适应性强，南方地区一年四季均可露地生产青韭，北方地区春、夏、秋3季可露地生产青韭，早春、晚秋及冬季可利用温室、塑料拱棚、阳畦等设施生产青韭或韭黄。春、秋季均可播种，直播或育苗，春、夏季移栽。播种1次，可连续生产4~6年。

韭菜设施生产季节，依当地气候、设施种类和性能、根株营养回根期、产品供应期等而不同，可以提前或延后。

二、青韭小拱棚越冬生产技术

冬春季节利用塑料拱棚生产韭菜，具有周期短、投资少、效益高、栽培容易的特点，这种栽培方式已在河南省尉氏县推广多年，并逐渐摸索出一套无公害生产技术，每亩产量达3 000~4 000kg，产值可达7 000~8 000元。

（一）种植基地选择

应选择无土壤、水质和空气污染的区域建立生产基地，种植田要清洁卫生、土层深厚、地势平坦、排灌方便、土质疏松肥沃，前茬为非葱蒜类蔬菜。

（二）品种选择

应选用品质优良、抗病虫、抗寒、耐热、耐弱光、商品性好、高产、耐贮的品种。如平韭四号、河南791、汉中冬韭、山东独根红等。

（三）整地施肥

每亩施优质农家肥5 000kg或干鸡粪1 500kg、硫酸钾复合肥50kg。适当施入硫酸亚铁、硫酸锌、硫酸锰等微肥。施肥后深耕细耙，做成宽3m的平畦。

（四）播种及苗期管理

露地3月下旬至4月上旬播种。利用小拱棚播种育苗，可提早到2月中下旬至3月上旬。采用新籽，每亩播种量为3.5~4.0kg。可用干籽直播，也可浸种催芽后播种。方法是：用30~40℃的温水浸泡20~24小时，除去秕籽和杂质，淘洗干净后用湿布包好，放在16~20℃的条件下催芽，每天用清水冲洗1~2次，待60%种子露白时即可播种。采用开沟条播法，在畦内按行距20~25cm开播种沟，沟宽4~6cm，深2~3cm，沟底面平整，播种后立即覆土，厚度为1.0~1.5cm，浇足播种水，待水渗下后喷施除草剂，可用33%除草通100~150g/亩，加水

50kg，之后覆盖地膜保湿。当 30% 以上种子出苗后撤除地膜，幼苗出土后，7~8d 浇 1 次水，使地表经常保持湿润状态。当苗高 18cm 左右时，适当控水蹲苗，促根控叶，防止植株倒伏。苗期浇水需轻浇、勤浇，结合浇水追 1 次肥，每亩顺水冲施硫酸钾复合肥 10~15kg 或尿素 10kg，或腐熟人粪尿 2 000kg。

（五）露地生长阶段管理

（1）水分管理。入夏后气温逐渐升高，降水量增多，不适于韭菜生长，一般生长量很小，应适量浇水，任其自然生长。雨后浇井水降低地温，防止积水烂根，注意中耕除草。进入 9 月为韭菜生长的适宜时期，需水量增大，应 7~10d 浇 1 次水，经常保持土壤湿润。10 月地表保持见干见湿，不旱不浇水。以后随着气温降低，应减少浇水，以防植株贪青而影响养分的贮藏积累，不利于越冬生长。

（2）追肥管理。入秋后，结合浇水，分别于 8 月上中旬和 9 月下旬进行两次重追肥。第 1 次每亩追施尿素 15~20kg，趁雨天撒施。第 2 次追施硫酸钾复合肥 25kg 或追施腐熟人粪尿 2 000kg，或腐熟饼肥、烘干鸡粪 200~250kg。

（3）其他管理。8—10 月韭菜抽薹开花要及时采收花薹，以利植株生长、分蘖和养分的积累。对于旺长植株，为防止倒伏，可采用棉花秆、树枝或顺行两端拉线等方法设立支架。倒伏现象严重的植株也可将上部叶片割掉 1/3~1/2，以减轻地上部重量，使其自然恢复直立。

（六）拱棚越冬生长阶段管理

（1）扣棚。立冬前后割去并清除地上部枯叶，用 50% 多菌灵 500 倍液喷雾消毒，并用 80% 敌百虫或毒斯本和 50% 速克灵可湿性粉剂或三哩酮乳油 800~1 000 倍液顺垄喷灌根部，以防韭蛆和灰霉病。在韭菜垄间开沟追肥或收割后普施追肥，每亩施细碎有机肥 1 000~2 000kg 或干鸡粪 300~500kg、硫酸钾三元复合肥 50kg，适量追施硫酸亚铁、硫酸锌、硫酸锰等微肥。

施肥后浇1次透水，待水渗下后，在垄上撒一层1~2cm厚的细沙。立冬前后扣棚，拱棚宽3m，高1.0~1.2m，长50~70m，东西走向。拱杆采用宽5cm的竹片，拱间距为50~60cm，用木棍做支柱，拱顶及两端用铁丝相连。覆膜后每隔1.5~2.0m用一道压膜线紧压，覆盖草苫，北侧用玉米秸设立风障。

（2）扣棚后的温、湿度管理。扣棚初期一般不揭膜放风，白天保持28~30℃，夜间10~12℃。韭菜萌发后，棚温白天控制在15~24℃，不超过25℃，夜间10~12℃，不低于5℃，超过25℃注意放风排湿，相对湿度保持在60%~70%。若气温降低，夜晚覆盖草苫。每一刀韭菜收割前5~7d要降低棚温，使叶片增厚，叶色深绿，提高商品质量。收割后棚温可提高2~3℃，以促进新芽萌发。以后各刀生长期间，控制的上限均可比前一刀高2~3℃，但不超过30℃。昼夜温差控制在10~15℃。

（3）扣棚后的肥水管理。一般头刀韭菜生长期间不需追肥浇水，防止降低地温和增加空气湿度，避免叶片发黄、干尖和发病。第2刀浇水应在头刀韭菜收割后7~10d浇1次水，韭菜长至10~15cm时再浇1次。第3刀韭菜水分管理同第2刀。扣棚后每次浇水量要小，忌大水漫灌。结合浇水每亩顺水冲施硫酸钾复合肥10~15kg。收割前结合喷药适当喷洒叶面肥和生长素，促进植株旺盛生长。

（七）收割

一年生根株，收割2~3茬，二年生以上的根株，可收割3~4茬。韭菜根株可连续生产3~5年。韭菜以7叶1心为收割标准，清晨收割最好，以割到鳞茎上3~4cm黄色叶鞘处为宜，两刀间隔30~35d，边割边捆成把边装筐，保持韭菜的新鲜，并做到净菜上市。

三、日光温室韭菜生产技术

山东寿光市菜农利用日光温室生产无公害韭菜，投资少、效益高，产品很受市场欢迎。

（一）品种选择

一般选用寿光独根红、汉中冬韭等品种。这些品种休眠期适中、品质好、叶宽、直立性强、生长旺盛、耐寒性强，低温下生长速度较快，扣棚后第 1 ~ 2 刀产量比较高，适合覆盖栽培。

（二）根株培养

日光温室韭菜栽培，其根株培养是高产稳产的关键。一般采用育苗移栽养根。

（1）整地作畦，适期播种。每亩施充分腐熟的有机肥5 000kg、氮磷钾复合肥40kg，精细整地，使土壤与肥料充分混合，然后作畦。4 月上旬播种，每平方米播种量 10 ~ 15g，方法是：将种子均匀撒于畦面，覆细土 0.5 ~ 1.0cm，之后用脚踩 1遍，以使种子与土壤密切接触。幼苗出土前保持土壤湿润，以利出苗。幼苗期加强管理，及时除草，当株高达 15 ~ 20cm 时即可移栽。

（2）移栽及田间管理。结合整地每亩施充分腐熟的优质圈粪5 000kg、氮、磷、钾复合肥 100kg，做成垄畦或平畦。为使韭菜根系分布均匀，利于分蘖，垄栽时最好栽成小长条，而不栽成撮，垄距33cm，一垄栽2 行，小行距7cm，墩距10cm，每墩 10 株。畦栽行距 13 ~ 20cm，墩距 10 ~ 12cm，每墩 6 ~ 8 株。栽植深度以不超过叶鞘为宜。定植后的管理以促进缓苗为主。立秋后是最适宜韭菜生长的旺盛季节，也是肥水管理的关键时期。此期应加强肥水管理，每隔 5 ~ 7d 浇 1 次水，结合浇水，追施速效性氮肥 2 ~ 3 次，每亩施尿素 10kg 促进植株生长，为根茎的膨大和根系的生长奠定物质基础，产量的高低主要取决于冬前植株物质积累的多少。

（三）冬春季管理

（1）扣棚。11 月中下旬扣棚。扣棚前清除枯叶杂草，并在土壤封冻前浇好冻水。扣棚后加强保温、加盖草帘等。

（2）温度管理。初期温度不能过高，应该逐步升高，通过中耕培土提高地温和增加假茎高度。白天温室控制在 18 ~ 28℃，夜间 8 ~ 12℃，最低不能低于5℃。韭菜在高温高湿的环境条件下易徒长烂尖，诱发灰霉病的发生，超过 27℃ 必须放风排湿，在温度管理上要防止温差过大。

（3）湿度管理。通风换气是调节室内温湿度，排除有害气体，以利韭菜生长的重要措施之一，还可以提高韭菜品质，减少病害发生。头刀韭菜收获前 4 ~ 5d 适当通风，收割后闷棚升温，利于韭菜伤口愈合。韭叶长至 9 ~ 12cm 时，超过 27℃ 就要通风，每次浇水后要适时通风，使湿度控制在 80% 以下，防止灰霉病发生。

（4）水分管理。塑料温室保湿性强，一般割头刀韭菜前不浇水，待 2 刀收割前 4 ~ 5d 浇水，水量根据棚内温度而定，温度高水量可大些，反之要小些，浇水要在晴天上午进行。

（5）施肥。头刀韭菜收获后，每次浇水时追 1 次化肥，每亩施氮、磷、钾复合肥 10kg，追肥后要及时放风，排除氨气，以免韭叶脱水烂尖。为防止韭菜硝酸盐污染，一般不追施含硝态氮的肥料，每次割韭前 15 ~ 20d 停止浇水施肥。

第三节　大　蒜

一、生产季节

大蒜以露地生产为主，秋播或春播，夏至前后收获。北纬 38°以北地区，冬季严寒，以春播为主，其他地区以秋播为主。

确定大蒜播种时间考虑的主要因素是温度，即幼苗安全越冬问题，冬前幼苗应壮而不旺。播种过早，冬前达 6 ~ 7 片叶以上，幼苗过大，营养消耗太多，细胞液浓度变小，抗寒性降低，易受冻。播种过晚，幼苗过小，也易受冻。北京地区一般冬前幼苗长到 4 叶 1 心，抗寒力最强，需 35～40d。河南冬前苗宜大些，一般壮苗 5 叶 1 心至 6 叶 1 心。在安全越冬前提下，冬前大苗比小苗产量更高。

二、生产技术

（一）大蒜地膜覆盖生产技术

豫东地区是全国闻名的大蒜生产基地。近几年，通过选用通过组织培养方法繁殖的大蒜脱毒良种，并采用无公害生产技术，有效解决了品种退化问题，提高了产量和品质，产品符合无公害农产品标准，总收益提高 45% 以上。

1. 选择适宜地块

大蒜不宜连作，应选择 3 年内未种植过葱、蒜、洋葱等百合科作物，质地疏松，通气性良好，保肥持水能力强，灌排方便，有机质含量 40g/kg，pH 值为 6.5～7.5，且远离城市、工矿区及主要交通干线，周边无"三废"排放企业，农田大气环境良好，灌溉水质、土壤环境质量均符合《无公害农产品产地环境质量标准》的地块种植。

2. 配方施肥、精耕细作

大蒜是喜肥作物，需肥又耐肥。施肥原则：以有机肥为主，化肥为辅；基肥为主，追肥为辅；基肥、追肥量要合理，追肥时间要恰当，追肥品种要对路。经过测土配方施肥试验，一般中上等肥力、产量在 22 500kg/hm² 以上的地块，每公顷基肥要施入腐熟厩肥 30～37.5t、充分腐熟饼肥 1 500～2 250kg、纯氮 315kg、五氧化二磷 225kg、氧化钾 240kg（以硫酸钾为佳）、硫酸锌 30～45kg、持力硼 4.5～5kg。整地时，耕深必须达到 25cm以上，耙细耧平，做到垄直地平、无明暗坷垃、上松下实。做畦时，畦宽以 2m 为好，一般不超过 3.8m。

3. 选用脱毒良种并进行种子分级

经组织培养繁殖的脱毒蒜种在生产上表现出生长势强、植株繁茂、叶色浓绿、蒜头增大、商品性好等优点。剥瓣时应剔除霉烂、虫蛀、刀伤、碰伤、太阳暴晒变质的蒜瓣，同时要按大、中、小分级，单瓣重 5g 以上为 1 级，4～5g 为 2 级，3～4g 为 3 级。播种时分级播种，先播 1 级瓣，后播 2 级瓣，3 级瓣一般不作生产蒜头的种子用。

4. 搞好种子处理和土壤处理

可用浓度为 3g/kg 的磷酸二氢钾溶液浸种 6h，然后用 50% 多菌灵粉剂 400g 拌 50kg 蒜种，不但能提早出苗，并且还有提早成熟，增加产量，防止前期病害的作用，或用 50% 速克灵可湿性粉剂 100～150g，对水 2kg，拌蒜种 250kg，喷拌后晾干栽种。播前每公顷用 45% 乐斯本 3 750ml 和 50% 多菌灵粉剂 7.5kg，拌细土 1 125～1 200kg，均匀撒在播种沟内，能预防大蒜苗期蒜蛆、菌核病和叶枯病的发生。

5. 播种

豫东地区地膜覆盖栽培以产蒜头为主的品种适宜播期为 9 月 28 日至 10 月 15 日。播种过早，冬前生长旺，易发生二次生长；播种过晚，蒜苗耐寒性差，易造成冻害。适期播种的大蒜越冬前一般都能达到 6 叶 1 心的壮苗标准。一般采用行距 20cm，株距 10cm 为宜，除去边埂后播种的密度每公顷为 42 万～45 万株。播种深度一般要求 3～5cm，大瓣宜深，小瓣宜浅，播后达到上齐下不齐。覆土深度 1cm，浇水后以不露瓣尖为宜。

6. 适时浇水、喷洒除草剂和覆盖地膜

播种后，若气温适宜，无论墒情好坏应及时浇水。待地面能进入时立即喷洒除草剂，然后覆盖地膜。除草剂可选用 33% 除草通乳油 2 250ml/hm²，对水 750kg，均匀喷洒。覆膜时膜面

要绷紧，膜四周压入土中。由于地膜在畦面上绷得紧，蒜的芽尖就能顶破薄膜伸出膜面，个别顶不破的可人工破膜引苗出膜。

7. 田间管理

（1）冬前管理。在豫东地区，一般地膜栽培的大蒜从播种到烂母需60d左右，即11月下旬至12月上旬是大蒜异养生长向自养生长的过渡期，宜出现黄叶干尖，若气温适宜，还会生蒜蛆。此时加强田间管理，喷施药剂，既补充了营养，减少了黄叶干尖，又杀死或趋避了种蝇。

（2）冬季管理。主要措施是查看地膜，设立风障，提高地温，防止冻害。

（3）春季管理。当日平均气温稳定在12℃左右时（豫东地区一般在3月中下旬），大蒜花芽、鳞芽开始分化，是大蒜需水需肥的重要时期。每公顷可随水冲施尿素150～225kg、磷酸二氢钾60～75kg，满足其营养生长和生殖生长的需要。

（4）蒜薹伸长期管理。花芽、鳞芽分化结束后进入蒜薹伸长期，此期是大蒜需水需肥最大的时期，是决定蒜薹、蒜头产量的关键时期。在抽薹前5～7d每公顷可随水冲施尿素300kg、磷酸二氢钾30kg。

（5）蒜头膨大期管理。蒜薹采收后，蒜头生长迅速进入膨大期，此时到采收一般只有20d左右。此期的主要管理措施是养根护叶，一般每公顷叶面喷施500倍液态微肥＋浓度为5g/kg的磷酸二氢钾混合液750～900kg，隔5～7d再喷1次，连喷2次。

8. 蒜薹收获

一般蒜薹抽出叶鞘并开始用弯时是收藏蒜薹的适宜时期。采收蒜薹早晚对蒜薹产量和品质有很大影响，采薹过早，产量不高，易折断，商品性差；采薹过晚，虽然可提高产量，但消耗过多养分，影响蒜头生长发育，而且蒜薹组织老化，纤维增多，尤其蒜薹基部组织老化，不堪食用。采收蒜薹最好在晴天中午和午后进行，此时植株有些萎蔫，叶鞘与蒜薹容易分离，并且叶片有韧性，不易折断，可减少伤叶。若在雨天或雨后采收蒜薹，植株已充分吸水，蒜薹和叶片韧性差，极易折断。

9. 蒜头收获

采薹后20d左右，当大蒜叶变为灰绿色，底叶枯黄，假茎松软充分膨大后，就应及时收获。收获过早，蒜头嫩而水分多，组织不充实，不饱满，贮藏后易干瘪；收获过晚，蒜头容易散头，拔蒜时蒜瓣易散落，失去商品价值。收获蒜头时，硬地应用锨挖，软地直接用手拔出。起蒜后运到场上，后一排的蒜叶搭在前一排的头上，只晒秧，不晒头，防止蒜头灼伤或变绿。翻动2~3d后，茎叶干燥即可贮藏。收后晾晒过程中要防止雨淋，并注意防潮防热，以免蒜皮变黑。

10. 产品安全控制措施

严禁在大蒜生产中使用高毒、高残留农药，推广使用生物农药、生物有机复合肥，严格执行国家标准中规定的农药施用浓度，不得任意提高施用浓度或药量，严格执行农药安全间隔期。蒜薹收获前10d不得使用杀虫剂，防治种蝇尽量隐蔽施药，减少地面喷粉喷雾，大蒜应经过农药残留检测合格。

（二）露地蒜苗反季节生产技术

近年来，在河南省很多地方进行蒜苗夏播秋收反季节生产，播种期由原来的9月中下旬提前到7月中下旬，9—10月收获，调节了市场供应期，取得了良好的经济效益和社会效益。实践证明，蒜苗夏播秋收一般产量为22 500~30 000kg/hm^2，产值可达75 000~90 000元/hm^2，比传统栽培增收37 500元/h·m^2。

1. 品种选择

蒜苗夏播秋收要选用耐热性强、生育期短、叶宽柔嫩、抗病丰产的早熟优良品种，如软叶大蒜、狗牙蒜、白皮蒜、四川寒蒜等。

2. 整地做畦

大蒜除忌重茬外，对前茬要求不太严格，对土壤要求也不严，但以富含有机质、保水保肥、排灌方便的地块栽培为宜。播种前 10d 将地翻耕晒白，每公顷施腐熟有机肥 60 000 ~ 75 000kg、过磷酸钙750kg、饼肥 1 500 ~ 2 250kg 作基肥。经深耕细耙后，做成 1.5 ~ 2.0m 的宽畦，畦面要平整。

3. 种蒜处理

选择瓣大色鲜、无伤无烂、无病虫害、不脱皮的蒜瓣作种蒜。将蒜瓣分成大、中、小 3 级，然后按级播种，这样出苗整齐，便于管理。播种前将种蒜放在 0 ~ 4℃ 的低温下处理 14 ~ 20d，打破休眠；也可将种蒜放在水中浸泡 1 昼夜，以利于加速生根发芽，提早出苗；或采用潮蒜法，即在播种前 15 ~ 20d，将种蒜分级后，放在清水里淘洗一下捞出，放入地窖或窑洞里，保持温度 14 ~ 16℃，空气湿度 85% 左右，每隔 3d 翻倒 1 次，使种蒜受潮均匀，发根整齐，待大部分种蒜发出白根时即可播种，经过潮蒜处理的种蒜出苗快，播种后 5 ~ 8d 即可出苗。

4. 播种

由于蒜苗夏播气温高，生长期短，植株矮小，所以要通过高密度栽培来提高产量，每公顷需种蒜 5 250 ~ 6 000kg。具体播种方法是：17 时后先在做好的畦面上浇足底水，待表层土壤收干疏松后，及时将种蒜按级一瓣挨一瓣地浅播，播好后第 2d 清晨再浇 1 次清粪水，撒盖 1 层细土，厚度以刚盖没蒜瓣为宜，再盖 1 层 2 ~ 3cm 厚的麦秸。

5. 田间管理

（1）及时遮阳。播种后，立即在畦面上搭 30 ~ 35cm 高的棚架，上盖草帘，这样能有效地保持土壤水分，降低地温，防止阵雨冲袭。每天 9：00 前将草帘盖好，下午日落后再揭开，阴天可全天不盖草帘。苗出齐后撤除遮阳棚和畦面的麦秸。

（2）肥水管理。播种至齐苗前，每隔 1～2d 浇 1 次水，时间在 9：00 前，每次浇水要适量，不要使土壤过湿，以免引起烂种。齐苗后进行第 1 次追肥，每公顷追尿素 75～105kg、稀薄人畜粪水 37 500～45 000kg；第 2 次追肥在苗高 8～10cm 时进行，每公顷追尿素 75～150kg、稀薄人畜粪水 52 500～60 000kg；第 3 次追肥在苗高 14～16cm 时进行，每公顷追施尿素 150～180kg、稀薄人畜粪水 60 000～75 000kg。

以后每采收 1 次追肥 1 次，用量同第 2 次。

6. 病害防治

由于蒜苗夏播秋收栽培正处于高温多雨季节，最易发生疫病。齐苗后，用 75% 百菌清可湿性粉剂 400～600 倍液或 80% 大生 M-45 可湿性粉剂 400～600 倍液，间隔 10～15d 喷洒 1 次，进行提前保护，可有效地防治大蒜疫病的发生与危害。另外，每次采收前 7d 用速效叶绿素或爱多收 800 倍液加 0.2%。的赤霉素液叶面喷施，可提高品质，增产增收。

7. 适时收获

蒜苗夏播 50d 左右即可开始收获，应根据市场行情分批采收，隔株进行，收大留小。每次采收的鲜嫩蒜苗可在田间分级整理，摘除黄叶、枯梢，捆扎上市。

（三）四季蒜苗

四季蒜苗属珍稀奇特蔬菜，主产蒜苗和蒜薹，不长蒜头，遮光可生产蒜黄。其适应性强，不择土壤、耐寒、耐热、抗病虫害。种子繁殖，一年四季可种植，南北方均适宜栽培，凡能栽培大蒜的地区均能种植，春播或夏秋播皆可。当年育苗移栽后可视其长势进行收割，翌年从春到秋开始大量生产蒜苗达 9～10 茬，收获方式和收割韭菜相同。一次种植可生长 8 年。

第四节　设施葱蒜类蔬菜病虫害及防治技术

一、紫斑病

（一）症状

叶片、花梗、鳞茎均可受害。发病初期病斑小，灰色至淡褐色，中央微紫色，后扩大为椭圆形或纺锤形，凹陷，暗紫色，常形成同心轮纹，湿度大时长出黑霉。叶片或花茎可在病斑处软化折倒。此病主要为害大葱和洋葱，也可侵染大蒜和韭菜等。

（二）防治方法

及时清除田间病残体；选用抗病品种和无病种子；实行轮作；加强田间管理，增强植株的抗病性；发病初期交替喷洒百菌清、代森锰锌、扑海因等。

二、锈病

（一）症状

叶片、叶鞘和花茎易染病，初期出现椭圆形褪绿斑点，很快由病斑中部表皮下生出圆形稍隆起的黄褐色或红褐色疱斑，疱斑破裂后散出橙黄色粉末。植株生长后期，病叶上形成长椭圆形稍隆起的黑褐色疱斑，严重时病叶黄枯而死。

（二）防治方法

选用抗病品种；加强肥水管理，增强植株抗性；雨后及时排水，降低田间湿度；发病初期交替喷洒三唑酮、萎锈灵、代森锰锌等。

三、韭菜疫病

（一）症状

叶片、花薹受害，多从下部开始发病，初为暗褐色水渍状，病部失水后明显缢缩，引起叶、薹下垂腐烂。假茎受害，呈水渍状浅褐色软腐，叶鞘易脱落。湿度大时，病部产生稀疏灰白色霉状物。鳞茎受害，根盘部呈水渍状，浅褐色至暗褐色腐烂。根部受害变为褐色，腐烂，根毛明显减少。

（二）防治方法

轮作换茬；选择地势高燥、排灌方便的地块，精细整地；避免大水漫灌和田间积水；发病初期交替用乙磷铝、甲霜灵、杀毒矾等喷雾或灌根。

四、大蒜叶枯病

（一）症状

叶片、叶鞘、花薹等均可发病。症状表现有尖枯型、条斑型、紫斑型、白斑型和混合型。尖枯型叶片尖端变枯黄色至深褐色坏死，可延伸至中部，严重时导致全叶黄枯；条斑型叶片上生有纵贯全叶的褐色条斑，沿中肋或偏向一侧发展；紫斑型叶片上生有紫褐色椭圆形或梭形病斑；白斑形叶片上分散出现白色圆形小斑点。有时叶片上混生多种类型的病斑即混合型。潮湿时病斑表面密生黑色霉层。

（二）防治方法

选用抗病品种；合理施肥灌水，避免大水漫灌；发病初期交替喷洒代森锰锌、速克灵、退菌特、扑海因等。

五、葱蝇

(一) 症状

葱蝇以蛆形幼虫蛀食植株地下部分，包括根部、根状茎和鳞茎等，常使须根脱落成秃根，鳞茎被取食后呈凹凸不平状，严重时腐烂发臭，地上部叶片枯黄，植株生长停滞甚至死亡。

(二) 防治方法

用糖醋液诱捕成虫；成虫发生期交替喷洒敌百虫、辛硫磷、灭杀毙等，幼虫发生时交替喷洒乐斯本、辛硫磷等。

六、葱蓟马

(一) 症状

多为害叶片、叶鞘和嫩芽。成、若虫均以锉吸式口器先挫破寄主表皮，再用喙吸收植物汁液，被害处形成黄白色斑点，严重时叶片生长扭曲，甚至枯萎死亡。

(二) 防治方法

虫害发生时交替喷洒辛硫磷、灭杀毙、杀灭菊酯、溴氰菊酯等。

七、韭菜迟眼蕈蚊

(一) 症状

幼虫称为韭蛆，聚集在根部、鳞茎、假茎部为害。初孵幼虫多从韭菜的根状茎或鳞茎一侧逐渐向内蛀食，受害部变褐腐烂。为害须根时使之成为秃根。地上部叶片发黄、干枯，甚至整株死亡。

(二) 防治方法

成虫羽化期交替用菊马、杀灭菊酯、溴氰菊酯、辛硫磷等喷雾，幼虫为害期交替用乐斯本、辛硫磷等喷施根部或灌根。

模块十　设施绿叶类蔬菜生产技术

第一节　芹　菜

芹菜，别名旱芹、药芹，伞形科二年生蔬菜，原产于地中海沿岸的沼泽地带。芹菜在我国南北方都有广泛栽培，在叶菜类中占重要地位。芹菜含有丰富的矿物盐类、维生素和挥发性的特殊物质，叶和根可提炼香料。

一、形态特征

1. 根

浅根系，主要根群密集于10~20cm土层内，横向伸展直径为30cm，吸收面积小，不耐旱和涝。

2. 茎

营养生长期为短缩茎，生殖生长期抽生为花茎。

3. 叶

叶片着生于短缩茎的基部，为奇数二回羽状复叶。叶柄长而肥大，为主要食用部分，颜色因品种而异，有浅绿、黄绿、绿色和白色。叶柄上有由维管束构成的纵棱，其间充满着薄壁细胞，在维管束附近的薄壁细胞中分布油腺，分泌具有特殊气味的挥发油。维管束的外层是厚角组织，其发达程度与品种和栽培条件密切相关。若厚角组织过于发达，则纤维增多，品质降低。

4. 花、果实及种子

复伞形花序，花小，白色，异花传粉。双悬果，果实圆球形，棕褐色，含挥发油，外皮革质，种子千粒重约 0.4g。

二、对环境条件的要求

芹菜为半耐寒蔬菜，喜冷凉温和的气候。种子发芽适温为 15 ~ 20℃；叶的生长适温为白天 20 ~ 25℃，夜间 10 ~ 18℃，地温 13 ~ 23℃。幼苗可耐 −5 ~ −4℃的低温和 30℃的高温，成株可耐 −10 ~ −1℃的低温。生殖生长适温为 15 ~ 20℃。芹菜属绿体春化型，具有 3 ~ 4 片真叶的幼苗，在 2 ~ 5℃的低温下经过 10 ~ 15d 可完成春化。

芹菜属低温长日照作物，在长日照条件下抽薹、开花、结实。幼苗期光照宜充足，生长后期光照宜柔和，以提高产量和品质。种子发芽需弱光，在黑暗条件下发芽不良。

芹菜对土壤湿度和空气湿度要求均较高。土壤干旱、空气干燥时，叶柄中的机械组织发达，纤维增多，薄壁细胞破裂使叶柄空心，品质下降。

芹菜宜在富含有机质、保水肥能力强的壤土或黏壤土中栽培，对土壤酸碱度适应范围为 pH 值 6.0 ~ 7.6。全生长期以施氮肥为主。幼苗期宜增施磷肥，促发根壮秧并加速第一叶节伸长，为叶柄生长奠定基础；后期宜增施钾肥以使叶柄充实粗壮，并限制叶柄无节制地伸长。缺硼时叶柄会产生褐色裂纹；缺钙时易发生干烧心病。每生产 1 000 kg 芹菜需要氮 0.4kg、磷 0.14kg、钾 0.6kg。

芹菜分本芹和洋芹两类。洋芹为芹菜的一个变种，从国外引入。洋芹与本芹比较，叶柄较宽，厚而扁，纤维少，纵棱突出，多实心，味较淡，产量高。

三、栽培技术

（一）茬口安排

芹菜最适宜于春、秋两季栽培，而以秋栽为主。因幼苗对不良环境有一定的适应能力，故播种期不严格，只要能避过先期抽薹，并将生长盛期安排在冷凉季节就能获得优质丰产。江南从 2 月下旬至 10 月上旬均可播种，周年供应；北方采用保护地与露地多茬口配合，亦能周年供应，见下表。

表 芹菜周年茬口安排

栽培方式	播期（月/旬）	定植（月/旬）	收供（月/旬）	备注
大棚秋茬	6/下	8/下	11/上至 12 月	10 月下旬盖棚膜
日光温室秋冬茬	7/中至 8/上	9/中至 10/上	翌年 1 至 2	露地育苗
露地春茬	1/中至 2/上	3/下至 4/上	5/下至 6/上	设施育苗
露地夏茬	4/下至 5/中	6/下至 7/中	8/中至 9/中	6 月下旬盖遮阳网
露地秋茬	6/上中	8/上中	10/中至 11/上	遮阳网育苗

（二）日光温室秋冬茬芹菜栽培技术

1. 育苗

（1）播种。宜选用实心品种。定植每亩需 200g 种子、50m^2 左右的育苗床。苗床宜选择地势高燥、排灌便利的地块，做成 1.0 ~ 1.5m 宽的低畦。种子用 5mg/L 的赤霉素或 1 000mg/L 的硫脲浸种 12h 后掺沙撒播。播前把苗床浇透底水，播后覆土厚度不超过 0.5cm，搭花阴或搭遮阴棚降温，亦可与小白菜混播。播后苗前用 25% 除草醚可湿性粉剂 11.25 ~ 15 kg/hm^2 对水 900 ~ 1 500kg 喷洒。

（2）苗期管理。出苗前保持畦面湿润，幼苗顶土时浅浇一次水，齐苗后每隔 2 ~ 3d 浇一小水，宜早晚浇。小苗长有 1 ~ 2 片叶时覆一次细土并逐渐撤除遮阴物。幼苗长有 2 ~ 3 片叶时间苗，苗距 2cm 左右，然后浇一次水。幼苗长有 3 ~ 4 片叶时结合浇水追施少量尿素（75kg/hm²），苗高 10cm 时再随水追一次氮肥。苗期要及时除草。当幼苗长有 4 ~ 5 片叶、株高 13 ~ 15cm 时定植。

2. 定植

土壤翻耕、耙平后先做成 1m 宽的低畦，再按畦施入充分腐熟的粪肥 45 000 ~ 75 000 kg/hm²，并掺入过磷酸钙 450kg/hm²，深翻 20cm，粪土掺匀后耙平畦面。定植前一天将苗床浇透水，并将大小苗分区定植，随起苗随栽随浇水，深度以不埋没菜心为度。洋芹定植密度 24 ~ 28cm，本芹定植密度 10cm。

3. 定植后管理

（1）肥水管理。缓苗期间宜保持地面湿润，缓苗后中耕蹲苗促发新根，7 ~ 10d 后浇水追肥（粪稀 15 000kg/hm²），此后保持地面经常湿润。20d 后随水追第二次肥（尿素 450kg/hm²），并随着外界气温的降低适当延长浇水间隔时间，保持地面见干见湿，防止湿度过大感病。

（2）温、湿度调控。芹菜敞棚定植，当外界最低气温降至 10℃ 以下时应及时上好棚膜。扣棚初期宜保持昼夜大通风；降早霜时夜间要放下底角膜；当温室内最低温度降至 10℃ 时，夜间关闭放风口。白天当温室内温度升至 25℃ 时开始放风，午后室温降至 15 ~ 18℃ 时关闭风口。当温室内最低温度降至 7 ~ 8℃ 时，夜间覆盖草苫防寒保温。

4. 采收

一般进行掰收。当叶柄高度达到 67cm 以上时陆续掰叶。

掰叶前一天浇水，收后 3 ~ 4d 内不浇水，见心叶开始生长时再浇水追肥。春节前后可一次将整株收完，为早春果菜类腾地。

（三）露地秋茬芹菜栽培技术

露地秋茬芹菜育苗技术和定植方法、密度与日光温室秋冬茬芹菜的相似。前茬宜选择春黄瓜、豆角或茄果类，选择排灌便利的地块栽培芹菜。播种前对种子进行低温处理，可促进种子发芽。

露地秋茬芹菜定植后缓苗期间宜小水勤浇，保持地表湿润，促发根缓苗。缓苗后结合浇水追一次肥（尿素 150 ~ 225 kg/hm²），然后连续进行浅中耕，促叶柄增粗，蹲苗 10d 左右。此后一直到秋分前每隔 2 ~ 3d 浇一次水，若天气炎热则每天小水勤浇。秋分后株高 25cm 左右时，结合浇水追第二次肥（尿素300 ~ 375kg/hm²）。株高 30 ~ 40cm 以上时，随水追第三次肥并加大浇水量，地面勿见干。霜降后，气温明显降低，应适当减少浇水，否则影响叶柄增粗。准备贮藏的芹菜应在收获前一周停止浇水。

培土软化芹菜，一般在苗高约30cm 时进行，注意不要使植株受伤，不让土粒落入心叶之间，以免引起腐烂。培土一般在秋凉后进行，早栽的培土 1 ~ 2 次，晚栽的 3 ~ 4 次，每次培土高度以不埋没心叶为度。

准备冬贮后上市的芹菜应在不受冻的前提下尽量延迟收获。芹菜株高 60 ~ 80cm，即可陆续采收。

第二节 菠 菜

菠菜又称波斯草、赤根菜、红根菜，是藜科菠菜属绿叶蔬菜。以绿叶为主要产品器官。原产伊朗，目前，世界各国普遍栽培。在我国分布很广，是南北各地普遍栽培的秋、冬、春季的主要蔬菜之一。

一、形态特征

菠菜主根发达，较粗大，侧根不发达，主要根群分布在 25~30cm 耕层内。抽薹前叶着生在短缩的盘状茎上。叶戟形或卵形，色浓绿，质软，叶柄较长，花茎上叶小。叶腋着生单性花，少有两性花，雌雄异株，风媒花；菠菜植株的性型表现一般有 4 种。

（1）绝对雄株。植株较矮小，花茎上叶片不发达或呈鳞片状。复总状花序，只生雄花，抽薹早，花期短。

（2）营养雄株。植株较高大，基生叶较多而大，雄花簇生于花茎叶腋，花茎顶部叶片较发达。抽薹较晚，花期较长。

（3）雌性植株。植株高大，茎生叶较肥大，雌花簇生于花茎叶腋，抽薹较雄株晚。

（4）雌雄同株。植株上有雄花和雌花。种子圆形，外有革质的果皮，水分和空气不易透入，发芽较慢。

二、对环境条件的要求

菠菜是绿叶菜类耐寒力最强的一种，成株在冬季最低气温为 -10℃ 左右的地区，都可以露地越冬。菠菜种子发芽最适温度为 15~20℃，叶面积的增长以日平均气温 20~25℃ 增长最快；在干热条件下，叶片窄薄瘦小，质地粗糙有涩味，品质较差。

菠菜是长日照蔬菜。温度和光照对菠菜的孕蕾、抽薹、开花有交互作用。

花器的发育、抽薹和开花随温度的升高和日照加长而加速。要提高菠菜的个体产量，应当在播后的叶片生长期有 20℃ 左右的温度，日照逐渐缩短，使叶原基分生快，花芽分化慢，争取较多的叶数。

菠菜在生长过程中需要大量水分。在空气相对湿度80%~

90%，土壤湿度70%～80%的条件下，营养生长旺盛，叶肉厚，品质好，产量高。生长期间缺水，生长速度减缓，叶组织老化，纤维增多，品质差。

菠菜适宜pH值为5.5～7.0、保水保肥力强的肥沃土壤，以及氮、磷、钾完全肥料，不仅提高产量，增进品质，而且可以延长供应期。

三、栽培技术

（一）茬口安排

菠菜在日照较短和冷凉的环境条件有利于叶簇的生长，而不利于抽薹开花。菠菜栽培的主要茬口类型有早春播种，春末收获，称春菠菜；夏播秋收，称秋菠菜；秋播翌春收获，称越冬菠菜；春末播种，遮阳网、防雨棚栽培，夏季收获，称夏菠菜。大多数地区菠菜的栽培以秋播为主。

（二）土壤的准备

播种前整地深25～30cm，施基肥，做畦宽1.3～2.6m，也有播种后即施用充分腐熟粪肥，可保持土壤湿润和促进种子发芽。

（三）种子处理和播种

菠菜种子是胞果，其果皮的内层是木栓化的厚壁组织，通气和透水困难。为此，在早秋或夏播前，常先进行种子处理，将种子用凉水浸泡约12h，放在4℃条件下处理24h，然后在20～25℃条件下催芽，或将浸种后的种子放入冰箱冷藏室中，或吊在水井的水面上催芽，出芽后播种。菠菜多采用直播法，以撒播为主，也有条播和穴播的。9—10月播种，气温逐渐降低，可不进行浸种催芽，每公顷播种量为50～75kg。在高温条件下栽培或进行多次采收的，可适当增加播种量。

（四）施肥

菠菜发芽期和初期生长缓慢，应及时除草。秋菠菜前期气温高，追肥可结合灌溉进行，可用20%左右腐熟粪肥追肥；后期气温下降浓度可增加至40%左右。越冬的菠菜应在春暖前施足肥料，在冬季日照减弱时应控制无机肥的用量，以免叶片积累过多的硝酸盐。分次采收的，应在采收后追肥。

第三节　设施绿叶菜类蔬菜病虫害及防治技术

一、霜霉病

（一）症状

主要为害叶片。病斑初呈淡绿色小点，边缘不明显，扩大后呈现不规则形，大小不一，直径3～17mm，叶背病斑上产生灰白色霉层，后变灰紫色。病斑从植株下部向上扩展，干旱时病叶枯黄，湿度大时多腐烂，严重的整株叶片变黄枯死，有的菜株呈现萎缩状，多为冬前系统侵染所致。

（二）防治方法

田间发现系统侵染的萎缩株后，要及时拔除；合理密植；发病初期交替喷洒甲霜灵锰锌、杀毒矾、普力克等。

二、芹菜叶斑病

（一）症状

主要为害叶片。叶上初呈黄绿色水渍状斑，后发展为圆形或不规则形，大小4～10mm，病斑灰褐色，边缘色稍深不明晰，严重时病斑扩大汇合成斑块，终致叶片枯死。茎或叶柄上病斑椭圆形，3～7mm，灰褐色，稍凹陷。发病严重的全株倒伏。高湿时，上述各病部均长出灰白色霉层，即病菌分生孢子梗和分生孢子。

（二）防治方法

选用耐病品种；种子消毒；合理密植；发病初期交替喷洒多菌灵、甲基托布津、可杀得等，保护地内可选用5%百菌清粉尘剂或百菌清烟剂进行防治。

三、芹菜软腐病

（一）症状

主要发生于叶柄基部或茎上。先出现水渍状、淡褐色纺锤形或不规则形凹陷斑，后呈湿腐状，变黑发臭，仅残留表皮。

（二）防治方法

避免伤根，培土不宜过高，以免把叶柄埋入土中，雨后及时排水；发现病株及时挖除并撒入生石灰消毒；发病初期交替喷洒农用硫酸链霉素、新植霉素、络氨铜水剂、琥胶肥酸铜、CT杀菌剂等。

四、菠菜潜叶蝇

（一）症状

幼虫潜在叶内取食叶肉，仅留上下表皮，呈现块状隧道。一般在叶端部内有虫粪及1~2头蛆，使菠菜失去商品价值及食用价值，严重时全田被毁。

（二）防治方法

参照葱蒜类部分。

模块十一　设施白菜类蔬菜生产技术

第一节　大白菜

大白菜即结球白菜，又叫黄芽白。叶球柔嫩多汁，是全国产销量最大的蔬菜之一。

大白菜营养丰富，据分析，每100g可食部分含碳水化合物3g、蛋白质1.4g、脂肪0.1g、无机盐0.7g、钙33mg、磷42mg、铁0.4mg、维生素C 24mg、维生素A 0.1mg。大白菜的品质柔嫩，可煮食、炒食、生食，还可腌制酸菜。

一、生物学特征

大白菜是十字花科芸薹属芸薹种，能形成叶球的亚种为一二年生蔬菜。大白菜的根系发达，胚根形成肥大的肉质直根，长可达0.7m，侧根分枝很多，主要分布在地表。营养生长期茎短缩，主要同化器官的莲座叶，有15～24片，叶片宽大皱褶，有的品种叶片着生较直立，有的较开张。产品器官叶球，由30～60片球叶向内抱含而成。

二、对环境条件的要求

大白菜喜温和、冷凉的气候，耐轻霜，怕热。幼苗期对温度适应范围较广，生长前期适温20℃左右。形成产品器官的结球期适温白天为15～22℃，夜间为5～12℃，25℃以上不利结球。32℃以上大白菜的呼吸强度超过光合强度。大白菜由于叶大而薄，蒸腾量大，而根系又较浅，因此，对水分条件要求高，要保持土壤湿润。但水分过多会引起烂根，地面潮湿易诱发软腐病和霜霉病。大白菜对土壤养分要求高，尤其对氮肥要求高。进入结球期后钾的吸收量急剧增加。生产 1 000kg 大白菜，需要吸收氮 1.5~2.3kg、磷 0.7~0.9kg、钾 2~3.5kg。

大白菜从萌动的种子开始，即可感应 0~10℃ 的低温，经过 10~30d，而通过春化阶段。以后在 12~14h 的长日照及较高温度（15~20℃ 以上）条件下抽薹开花。原产高寒地区的品种，通过阶段发育所要求的低温、长日照条件较严格，而原产南方的耐热早熟品种则相反，很容易通过阶段发育而抽薹开花。春大白菜要避免过早通过阶段发育，而发生先期抽薹。

三、栽培技术

（一）栽培方式与季节

传统栽培方式是露地栽培，秋播冬收。一般采用不同熟性的品种，7 月下旬至 9 月中旬播种，9 月下旬至翌年 1 月采收。反季节生产，可安排春、夏、秋或秋延后播种。

1. 春大白菜

（1）露地栽培。这种方式是露地直播。长江流域多在 3 月下旬播种，过早易发生先期抽薹，5 月下旬至 6 月中旬收获。另一种方式是保护地育苗，露地定植，2 月下旬至 3 月上旬在大棚或小棚内育苗，最好采用穴盘育苗。注意多重覆盖保温，3 月下旬至 4 月初定植，5 月中旬前后开始采收。

（2）保护地栽培。利用地膜和小拱棚覆盖，提前在 3 月上旬直播，由于保护设施白天的增温有"脱春化"作用，因而可防止抽薹，5 月中旬前可开始采收。4 月可分期分批播种，错锋上市，与夏季菜衔接。

2. 夏大白菜

（1）露地直播。江南地区 5—7 月均可播种，播后 50～60d 采收。

（2）遮阳防雨棚栽培。利用夏季空闲大棚顶部覆盖薄膜，再加盖遮阳网，以防雨、遮阳、降温。在最炎热的 6—7 月播种大白菜，仍能正常生长和结球，生产效果比露地好。

（3）山地栽培。利用山地夏季气候较凉爽的有利条件，安排在平原露地较难栽培大白菜的炎热夏季 6—7 月直播，8—9 月采收，可达到平原地遮阳网覆盖栽培的效果。

3. 秋或秋延后大白菜

秋播的大白菜多半为直播，秋延后的有直播也有育苗移栽的，前期露地生长，在南昌到了 11 月中旬后中小棚覆盖防寒，春节前后采收，效益较好。即 10 月上旬直播，或 9 月下旬育苗，10 月中旬移栽，翌年 1 月下旬至 2 月中旬收获。

（二）选地和整地

大白菜连作容易发病，所以，要进行轮作，特别提倡粮菜轮作，水旱轮作。在常年菜地上栽培则应避免与十字花科蔬菜连作，可选择前茬是早豆角、早辣椒、早黄瓜、早番茄的地栽培。种大白菜的地要深耕 20～27cm，坑地 10～15d，然后把土块敲碎整平，做成 1.3～1.7m 宽的畦，或 0.8m 的窄畦、高畦。做畦时要深开畦沟、腰沟、围沟 27cm 以上，做到沟沟相通。

（三）重施基肥，以有机肥为主

前作收获后，深翻土壤炕地。整地时，每亩撒施石灰 100～150kg。在发生根种病的地块，还得在播种沟内施上适量石灰。要求重施基肥，并将氮、磷、钾搭配好。在 7 月上旬，按每亩施 2 000kg 猪粪、2 000～2 500kg 有机肥、75kg 左右菜枯、40～50kg钙镁磷混合拌匀，加1 500～2 000kg人粪尿，并用适量的水浇湿，堆积发酵，外面再盖上一层塑料薄膜，让它充分腐熟，做畦时开沟施入。与此同时，每亩还要施上10～15kg复合肥。

（四）播种

大白菜一般采用直播，也可育苗移栽。直播以条播为主，点播为辅。在前茬地一时还空不出来时，为了不影响栽培季节，也可采用育苗移栽。不管采用哪种方式，土壤一定要整细整平，直播每亩用种量200g左右。育苗移栽者，每亩需苗床15～20m²，多用撒播的方法，用种量75～100g，直播。播后每亩用40～50担腐熟人粪尿，并结合进行地面盖子。此后，每天早晚各浇水1次，保持土壤湿润，3～4d即可出苗。大白菜的行株距要根据品种的不同来确定，一般早熟品种为（33～50）cm×33cm，每亩留苗3 500株以上；中熟品种为（53～60）cm×（46～53）cm，每亩留苗2 100～2 300株；晚熟品种为67cm×50cm，每亩留苗2 000株以下。育苗移栽的，最好选择阴天或晴天傍晚进行。为了提高成活率，最好采用小苗带土移栽，栽后浇上定根水。

（五）田间管理

（1）间苗。2～3片真叶时，进行第1次间苗；5～6片叶时，间第2次苗；7～8片叶就可定苗。按不同品种和施肥水平选定不同的行株距，每穴留1株壮苗，间苗时可结合除草。

（2）追肥。大白菜定植成活后，就可开始追肥。每隔3～4d追1次15%的腐熟人粪尿，每亩用量4～5担。看天气和土壤干湿情况，将人粪尿对水施用。大白菜进入莲座期应增加追肥浓度，通常每隔5～7d，追1次30%的腐熟人粪尿，每亩用量750～1 000kg，以及菜枯或麻枯75～100kg。开始包心后，重施追肥并增施钾肥是增产的必要措施，每亩可施50%的腐熟人粪尿1 500~2 000kg，并开沟追施草木灰100kg，或硫酸钾10~15kg，这次施肥菜农将其叫作灌心肥。植株封行后，一般不再追肥，如果基肥不足，可在行间酌情施尿素。

（3）中耕培土。为了便于追肥，前期要松土，除草2~3次。特别是久雨转晴之后，应及时中耕炕地，促进根系的生长。莲座中期结合沟施饼肥培土做垄，垄高10~13cm。培垄的目的主要是便于施肥浇水，减轻病害。培垄后粪肥往垄沟里灌，不能沾污叶片。同时，水往沟里灌，不浸湿莃部。保持沟内空气流通，使株间空气湿度减少，这样可以减少软腐病的发生。

（4）灌溉。大白菜苗期应轻浇勤泼保湿润，莲座期间断性浇灌，见干见湿，适当炼苗；结球时对水分要求较高，土壤干燥时可采用沟灌。灌水时应在傍晚或夜间地温降低后进行，要缓慢灌入，切忌满畦。水渗入土壤后，应及时排出余水。做到沟内不积水，畦面不见水，根系不缺水。一般来说，从莲座期结束后至结球中期，保持土壤湿润是争取大白菜丰产的关键之一。

（5）束叶和覆盖。大白菜的包心结球是它生长发育的必然规律，不需要束叶。但晚熟品种如遇严寒，为了促进结球良好，延迟采收供应，小雪后把外叶扶起来，用稻草绑好，并在上面盖上一层稻草或农用薄膜，能保护心叶免受冻害，还具有软化作用。早熟品种不需要束叶和覆盖。

第二节　甘蓝（结球甘蓝）

一、栽培技术

甘蓝怕涝，要求排水良好，宜采用窄高畦栽培，一般畦宽1.2m，沟宽0.3m，畦高0.25m。甘蓝三要素的吸收量以钾最多，氮次之，磷最少。每公顷施腐熟有机肥 22 500～30 000 kg 作基肥，并在做畦时施入。春甘蓝定植时宜在畦面每公顷铺施有机肥 30 000～37 500 kg，既能发挥肥效，又能保护根系，防寒保苗。

二、播种育苗

甘蓝前期生长缓慢，根系再生能力强，适宜育苗移栽。春甘蓝和夏甘蓝在秋冬季和春季播种，气候温和，适宜生长，育苗比较容易。而秋甘蓝和冬甘蓝的播种期正值盛暑，且多台风暴雨，育苗须注意以下三点：一是选通风凉爽、接近水源、排水良好、前作非十字花科蔬菜、疏松肥沃、病虫源少的地块作苗床；二是应用遮阳网等覆盖材料搭设凉棚，起遮阴避雨作用，但要注意勤揭勤盖，阴天不盖，前期盖，后期不盖；三是假植，利用假植技术既能节约苗床面积，又便于管理，并能促进侧根发生，选优去劣，使秋苗齐壮。一般在幼苗具 2～3 片真叶时假植，苗间距 6～10 cm。

三、定植

当甘蓝具有 6～7 片真叶时应及时定植，适宜苗龄为 40 d 左右，气温高则苗龄短，气温低苗龄长。定植时要尽可能带土。定植密度视品种、栽培季节和施肥水平而定，一般早熟品种每公顷种 60 000 株，中熟品种 45 000 株，晚熟品种 30 000 株。

四、肥水管理

甘蓝的叶球是营养贮藏器官，也是产品器官，要获得硕大的叶球，首先要有强盛的外叶，因此，必须及时供给肥水促进外叶生长和叶球的形成。定植后及时浇水，随水施少量速效氮，可加速缓苗。为使莲座叶壮而不旺，促进球叶分化和形成，要进行中耕松土，提高土温，促使蹲苗。从开始结球到收获是甘蓝养分吸收强度最大的时期，此时保证充足的肥水供应是长好叶球的物质基础。追肥数量根据不同品种、计划产量和基肥而定。早熟品种结球期短，前期增重快，因此，在蹲苗结束、结球初期要及时分两次追肥，每次每公顷施150kg尿素。注意从结球开始要增施钾肥。甘蓝喜水又怕涝，缓苗期应保持土壤湿润，叶球形成期需要大量水分，应及时供给，雨后和沟灌后及时排出沟内积水，防止浸泡时间过长，发生沤根损失。

五、采收

一般在叶球达到紧实时即可采收。早秋和春季蔬菜淡季时，叶球适当紧实也可采收上市。叶球成熟后如天气暖和、雨水充足则仍能继续生长，如不及时采收，叶球会发生破裂，影响产量和品质。采用铲断根系的方法可以比较有效地防止裂球，延长采收供应期。

第三节　花椰菜

花椰菜又名菜花、西兰花，是甘蓝种中以花球为产品的一个变种，原产地中海沿岸。

一、生物学特性

（一）主要形态特征

1. 根

主根基部粗大，根系发达，主要根群分布在30cm耕作层内。

2. 茎

营养生长阶段为短缩茎，营养阶段发育完成后抽生花茎

3. 叶

叶片狭长，披针形或长卵形，营养生长期具有叶柄，并具裂叶，叶面无毛，表面有蜡粉。

4. 花

复总状花序，完全花，异花授粉。

5. 果实和种子

长角果，每角果含种子10余粒。种子圆球形，紫褐色，千粒重2.5～4.0g。

（二）生长发育周期

花椰菜的生长发育周期与结球甘蓝相似，只是在莲座期结束后进入花球生长期。

（三）对环境条件的要求

1. 温度

喜冷凉，耐热耐寒能力都不及结球甘蓝。种子发芽适温为20～25℃，营养生长适温8～24℃，以15～20℃最好。花球形成适温15～18℃，超过24℃时花球松散，抽生花薹，但一些早熟耐热品种25℃时仍可正常形成花球。低于8℃时，花球生长缓慢，遇0℃以下低温花球易受冻害。

花椰菜在5～25℃范围内均能通过春化阶段，在10～17℃大幼苗时通过最快。

2. 光照

花椰菜属于长日照植物，但对日照长短要求不如结球甘蓝严格，通过春化后，不分日照长短均能形成花球。

3. 湿度

喜湿润环境，不耐干旱，也不耐涝。

4. 土壤营养

适于土质疏松、耕作层深厚的肥沃土壤，最适土壤 pH 值为 6.0 ~ 7.0。喜肥耐肥。对硼、镁等元素有特殊要求，缺硼常引起花茎中空或开裂；缺镁时下部叶变黄。

二、栽培季节与茬口安排

露地栽培季节主要是春、秋两季。南方亚热带区，一般在7—11 月依品种熟性不同排开播种，10 月至翌年 4 月收获。长江、黄河流域，春茬 10—12 月播种，翌年 3—6 月收获；秋茬6—8 月播种，10—12 月收获。华北地区，春茬 2 月上中旬播种，5 月中下旬收获；秋茬 6 月下旬至 7 月上旬播种，10—11月收获。北方寒冷地区，春茬 2—3 月播种，6—7 月收获；夏茬 4 月播种，8 月收获；秋茬 6 月播种，9—10 月收获。

三、栽培技术

(一) 秋花椰菜栽培技术

1. 品种选择

可选择白峰、雪山、荷兰雪球等品种。

2. 育苗

花椰菜种子价格较高，一般用种量较小，育苗中要求管理精细。在夏季和秋初育苗时，天气炎热，有时有阵雨，苗床应设置荫棚或用遮阳网遮阴。苗床土要求肥沃，床面力求平整。适当稀播。一般每 $10m^2$ 播种量 50g，可得秧苗 1 万株以上。当幼苗出土浇水后，覆细潮土 1 ~ 2 次。播种后 20d 左右，幼苗3 ~ 4 片真叶时，按大小进行分级分苗，苗间距为 8cm × 10cm。定植前在苗畦上划土块取苗，带土移栽。

有条件的地区也可采用穴盘育苗，采用 108 孔穴盘，点播方式育苗。幼苗长到 3 ~ 4 片真叶时进行分苗。以后管理同苗床育苗。

3. 施肥

做畦一般采用低畦或垄畦栽培。多雨及地下水位高的地区，应采用深沟高畦栽培。

一般每亩施厩肥 3 ~ 5m³、过磷酸钙 15 ~ 20kg、草木灰 50kg。施肥后深翻地，使肥土混合均匀。

4. 定植

一般早熟品种在幼苗 5 ~ 6 片真叶、苗龄 30d 左右时定植；中、晚熟品种在幼苗 7 ~ 8 片真叶、苗龄 40 ~ 50d 时定植。

定植密度：小型品种 40cm × 40cm，大型品种 60cm × 60cm，中熟品种介于两者之间。

5. 田间管理

（1）肥水管理。在叶簇生长期选用速效性肥料分期施用，花球开始形成时加大施肥量，并增施磷、钾肥。追肥结合浇水进行，结球期要肥水并重，花球膨大期 2 ~ 3d 浇一水。缺硼时可叶面喷 0.2% 硼酸液。

（2）中耕除草、培土。生长前期进行 2 ~ 3 次中耕，结合中耕对植株的根部适量培土，防止倒伏。

（3）保护花球。花椰菜的花球在日光直射下，易变淡黄色，并可能在花球中长出小叶，降低品质。因此，在花球形成初期，应把接近花球的大叶主脉折断，覆盖花球，覆盖叶萎蔫发黄后，要及时换叶覆盖。

有霜冻地区，应进行束叶保护。注意束扎不能过紧，以免影响花球生长。

6. 收获

适宜采收标准：花球充分长大，表面圆整，边缘尚未散开。如采收过早，影响产量；采收过迟，花球表面凹凸不平，颜色变黄，品质变劣。

为了便于运输，采收时，每个花球最好带有 3 ~ 4 片叶子。

（二）木立花椰菜栽培技术

1. 品种选择

露地栽培宜选用早熟耐热品种；设施生产宜选择耐寒性强的中晚熟品种。

2. 整地、施肥

一般每亩施优质有机肥 $5m^3$、过磷酸钙30～40kg、草木灰50kg。铺施基肥后深耕细耙，做成 1.3～1.5m 宽的低畦。

3. 定植

在幼苗长到 5～6 片真叶时定植。一般每畦栽 2 行，株距 30～40cm，定植密度每亩 2 500株左右。早熟品种可适当密植，每亩 3 000株左右。

4. 肥水管理

绿菜花需水量大，在花球形成期要及时浇水，保持土壤湿润。多雨地区或季节要及时排水，防止积水沤根。

5. 采收

在植株顶端的花球充分膨大、花蕾尚未开放时采收为宜。采收过晚易造成散球和开花。采收时，将花球下部带花茎10cm左右一起割下。

顶花球采收后，植株的腋芽萌发，并迅速长出侧枝，于侧枝顶端又形成花球，即侧花球。当侧花球长到一定大小、花蕾尚未开放时，可再进行采收。一般可连续采收2～3次。

第四节　设施白菜类蔬菜病虫害及防治技术

一、白菜黑腐病

白菜黑腐病又名半边瘫，以夏秋季高温多雨季节发病重。

病株率为 20% 左右，轻度影响生产，病重地块发病率可达 100%，明显影响产量和质量。全国各地均有发生。为害作物有甘蓝、花椰菜、苤蓝、大白菜、萝卜、油菜等，储藏期继续为害，为大白菜生产中的主要病害之一。

（一）症状

幼苗出土前受害不能出土，或出土后枯死。成株期发病，叶部病斑多从叶缘向内发展，形成"V"字形的黄褐色枯斑，病斑周围淡黄色；病菌从气孔侵入，则在叶片上形成不定形淡黄褐色病斑，有时病斑沿叶脉向下发展成网状黄脉，叶中肋呈淡褐色，病部干腐，叶片向一边歪扭，半边叶片或植株发黄，部分外叶干枯、脱落，严重时植株倒瘫，湿度大时病部产生黄褐色菌溢或油浸状湿腐，干后似透明薄纸。茎基腐烂，植株萎蔫，纵切可见髓中空。种株发病，叶片脱落，花薹髓部暗褐色，最后枯死，叶部病斑"V"字形。黑腐病病株无臭味，有霉干菜味，可区别于软腐病。被黑腐病为害的大白菜易受软腐病菌的感染，从而加重了白菜的受害程度。

（二）防治方法

1. 农业防治

（1）选用抗病的青帮、直筒形品种。

（2）实行 2~3 年轮作，与非十字花科作物隔年轮作，邻作也忌十字花科作物，最好是水旱轮作。

（3）适时播种，适期蹲苗。夏季大白菜播期可适当提前，秋冬大白菜播期可适当延后，以避开高温和多雨季节。深翻土地，减少病源。施足有机肥，增施磷、钾肥，施用充分腐熟的圈肥。

（4）尽量选温室或大棚育苗，选土壤肥沃、疏松透气、光照好、前茬种豆或葱蒜的菜园土为好。

2. 物理防治

播种前用50℃温水浸泡30min进行种子消毒。

3. 药剂防治

（1）用0.1%代森铵液浸种15min，或者45%代森铵水剂300倍液浸种15～20min，洗净晾干后播种。或用农抗751杀菌剂100倍液15ml浸拌200g种子，阴干后播种。或每千克种子用漂白粉10～20g加少量水，将种子拌匀，后放入容器内封存16h，均可有效杀死种子上的病原。

（2）用种子重量0.4%的50%琥胶肥酸铜可湿性粉剂拌种，或用干种重量0.3%的50%福美双可湿性粉剂或75%百菌清可湿性粉剂拌种。一旦发病及时喷75%百菌清可湿性粉剂600倍液或72%农用硫酸链霉素可溶性粉剂连喷3～4次。对铜剂敏感的品种须慎用。

二、白菜白斑病

可为害白菜类蔬菜、萝卜、芥菜、芜菁等，发病率20%～40%，重病地块或重病年份病株率可达到80%～100%，对生产影响较大。全国各地均有发生。

（一）症状

主要为害叶片。发病初期叶片上散生灰褐色细小斑点，后渐扩大呈圆形病斑，病斑中部渐变为灰白色，边缘有淡黄绿色晕圈。潮湿时病斑背面生一层淡淡的灰霉，后期病斑呈白色半透明薄纸状，易破裂穿孔。严重时许多病斑连成一片，引起叶片干枯死亡。

（二）防治方法

1. 农业防治

（1）选用抗病品种。

（2）与非十字花科蔬菜隔年轮作。

（3）清沟沥水；适期播种，增施有机肥；收获后及时清除田间病残体。

2．物理防治

温汤浸种。可用 50℃ 温水浸种 20min，须不断加热水，保持水温不变，并不断搅拌，使种子受热均匀后，移入冷水中冷却，晾干播种。

3．药剂防治

（1）用种子重量 0.3% 的 25% 甲霜灵可湿性粉剂，或用种子重量 0.4% 的 75% 百菌清可湿性粉剂或 70% 代森锰锌可湿性粉剂拌种。

（2）发病初期喷 80% 代森锰锌可湿性粉剂 600 倍液或 70% 代森锰锌可湿性粉剂 400 倍液或 50% 多福可湿性粉剂 600～800 倍液或 25% 多菌灵可湿性粉剂 400～500 倍液或 40% 多硫悬浮剂 800 倍液或 50% 多霉灵威可湿性粉剂 800 倍液或 65% 乙霉威可湿性粉剂 1 000 倍液或 75% 百菌清可湿性粉剂 600 倍液或 50% 苯菌灵可湿性粉剂 1 500 倍液或 50% 腐霉利可湿性粉剂 1 000 倍液或 50% 异菌脲可湿性粉剂 1 000 倍液或 50% 乙烯菌核利可湿性粉剂 1 000 倍液或 50% 利得可湿性粉剂 800 倍液或 80% 大生可湿性粉剂 500 倍液或 50% 福美双可湿性粉剂 500 倍液或 65% 杀毒矾可湿性粉剂 500 倍液。每隔 15d 喷 1 次，连续 2～3 次。

三、菜粉蝶

菜粉蝶俗称"菜青虫"，各地普遍发生且为害严重，主要为害十字花科蔬菜。属于鳞翅目粉蝶科。

（一）症状

以幼虫为害叶片，成虫不为害。幼龄幼虫只啃食叶片一面表皮及叶肉，残留另一面表皮，呈透明斑状，俗称"开天窗"。

3 龄以后可将叶片吃成空洞和缺刻。虫量多、为害严重时可将叶片吃光，仅留叶脉和叶柄。幼虫排在菜叶上的虫粪能污染叶片及菜心。幼虫造成的伤口还易诱发软腐病。

（二）防治方法

（1）及时清除田间枯枝落叶，消灭一部分幼虫和蛹。

（2）生物防治。可采用细菌杀虫剂、Bt 乳剂或青虫菌 6 号 500～600 倍液，喷雾防治。另外还要保护、利用寄生蜂，在寄生蜂盛发期间，尽量减少使用化学农药，也可在 11 月中下旬释放蝶蛹金小蜂，提高当年的寄生率，控制翌年早春菜青虫发生。

（3）化学防治。发生量较大时及时施药防治，可用阿维菌素等药剂喷布。

四、小菜蛾

小菜蛾又称方块蛾、小青虫、两头尖，属于鳞翅目菜蛾科。主要寄生甘蓝、花椰菜、白菜、萝卜等十字花科蔬菜。世界性蔬菜重要害虫，一般年份小菜蛾发生为害较轻，个别年份也可暴发成灾，其为害严重时可达到绝产的程度。全国所有省区均有分布，东、南、西、北向均靠近边境线，是分布范围最广的农业害虫。

（一）症状

初龄幼虫仅取食叶肉，留下表皮，在菜叶上形成透明斑，称为"开天窗"；3～4 龄幼虫可将菜叶食成孔洞和缺刻，严重时全叶被吃成网状。苗期常集中为害心叶，吃去生长点，影响包心，在留种菜上为害嫩茎、幼荚和籽粒，影响结实。

（二）防治方法

1. 农业防治

合理安排茬口，避免十字花科蔬菜连作；蔬菜收获后，清除田间残株落叶，并随即翻耕，消灭越夏、越冬虫口及沟渠田边等处的杂草，减少成虫产卵场所和幼虫食料。

2. 生物防治

喷洒苏云金杆菌（Bt）悬浮剂 500～800 倍液，也可选用 1.8%阿维菌素（齐螨素、害极灭、爱福丁）2 000倍液喷雾。

3. 药剂防治

小菜蛾是我国目前抗药性特别严重的一种害虫，它对菊酯类、有机磷类及氨基甲酸酯类农药等均已产生不同程度的抗药性。近年来，在广东、福建等少数地区对苏云金杆菌（Bt）也产生了抗药性。但各地抗药性发展并不平衡，这与各地用药历史、用药种类、频率、强度等密切相关。因此，对某种（类）药剂抗药性严重的地区，应暂时停止使用该种（类）药剂，改用其他作用机制不同的药剂，或将苏云金杆菌与其他化学农药混用或轮用。

小菜蛾老龄幼虫抗药性很强。因此，应用药剂防治应掌握在卵孵化盛期至幼虫 2 龄期，选用 5%氟虫脲（卡死克）乳油或 5%定虫隆（抑太保）乳油或 5%伏虫隆（农梦特）乳油，均用1 000～2 000 倍液；在幼虫 2～3 龄期可用 5%氟虫腈（锐劲特）悬浮剂、10%虫螨腈（除尽）悬浮剂1 500～3 000倍液，或用50%杀螨隆（宝路）可湿性粉剂1 000倍液，或用20%丙溴磷乳油500 倍液；也可选用2.5%溴氰菊酯（敌杀死）乳油2 000～3 000倍液或2.5%三氟氯氰菊酯（功夫）乳油3 000倍液或10%氯氰菊酯乳油3 000～4 000倍液。由于小菜蛾易产生抗药性，因此应注意轮换交替用药，或用复配农药。

模块十二 其他设施蔬菜生产技术

第一节 莴 苣

莴苣包括茎用莴苣和叶用莴苣。茎用莴苣是以其肥大的肉质嫩茎为食用部位，嫩茎细长有节似笋，因此俗称莴笋或莴苣笋。莴笋去皮后，笋肉水多质嫩，风味鲜美，深受人民的喜爱。叶用莴苣又名生菜，以生食叶片为主，又分为散叶生菜和结球生菜。叶用生菜含有大量的维生素和铁质，具有一定的医疗价值。叶用莴苣在西餐中作为色拉冷盘食用，栽培和食用非常广泛，有些国家将黄瓜、番茄和莴苣称之为保护地三大蔬菜。

一、形态特征

中国有叶用莴苣和茎用莴苣两种，叶用莴苣在我国广大农村作为自给性生产普遍栽培，以叶的颜色分为紫叶、浅绿色叶和深绿色叶；以叶形分有皱叶和平滑叶两种。品种有散叶莴苣和结球莴苣两种，特别是近年来由国外引进结球莴苣，品质脆嫩，结球较紧，抽薹较晚，抗寒性较强，产量高，品质好，栽培面积逐年扩大。

茎用莴苣即莴笋，有圆叶和尖叶两种类型，圆叶种莴笋的茎短粗，叶淡绿，质脆嫩，早熟，耐寒。尖叶的有紫叶和绿叶两种，生长期长，产量较高，晚熟，叶面略皱，节间较稀，抗寒性稍差。

二、莴苣栽培技术

根据栽培地的特点以及保护地的不同类型，不同的栽培季节所创造的温度条件，合理地安排育苗和定植期是非常重要的。如以大棚栽培来说，东北部地区，应在3月中下旬定植，4月中下旬收获；东北中南部，3月上旬定植，4月上中旬采收。

（一）叶用莴苣的栽培

1. 莴苣育苗技术

（1）种子处理。播种可用干籽，也可用浸种催芽。用干籽播种时，播种前用相当于种子重量0.3%的75%百菌清粉剂拌种，拌后立即播种，切记不可隔夜。浸种催芽时，先用20℃左右清水浸泡3~4h，搓洗捞出后控干水，装入纱布袋或盆中，置于20℃处催芽，每天用清水淘洗一次，同样控干继续催芽，2~3d可出齐。夏季催芽时，外界气温过高，要置于冷凉地方或置于恒温箱里催芽，温度掌握在15~20℃。

（2）播种。选肥沃沙壤土地，播前7~10d整地，施足底肥。栽培田需要苗床6~10m²/亩，用种30~50g。苗床施过筛粪肥10kg/10m²、硫酸铵0.3kg、过磷酸钙0.5kg和氯化钾0.2kg，也可用磷酸二铵或氮磷钾复合肥折算用量代替。整平作畦，播前浇足水，水渗后，将种子混沙均匀撒播，覆土0.3~0.5cm。高温时期育苗时，苗床也需遮阳防雨。

（3）播后及苗期管理。播后保持20~25℃，畦面湿润，3~5d可出齐苗。出苗后白天18~20℃，夜间1~8℃。幼苗在两叶一心时，及时间苗或分苗。间苗苗距3~5cm；分苗在5cm×5cm的塑料营养钵中。间苗或分苗后，可用磷酸二氢钾喷或随水浇一次。苗期喷1~2次75%百菌清或甲基托布津防病。苗龄期在25~35d长有4~5片真叶时定植。

2. 定植后田间管理

定植后一般分2~3次追肥。定植后7~10d结合浇水追肥，一般追速效肥。早熟种在定植后 15d 左右，中晚熟种在定植后 20～30d，进行一次重追肥，用硝铵 10～15kg/亩。以后视情况再追一次速效氮肥。

结球莴苣根系浅，中耕不宜深，应在莲座期前中耕 1～2 次，莲座期后基本不再中耕。

3. 采收

结球莴苣成熟期不很一致，要分期采收，一般在定植后 35～40d 即可采收。采收时叶球宜松紧适中，成熟差的叶球松，影响产量；而收获过晚，叶球过紧容易爆裂和腐烂。收割时，自地面割下，剥除地面老叶，若长途运输或储藏时要留几片外叶来保护主球及减少水分散失。

（二）茎用莴苣（莴笋）的栽培

莴笋育苗和定植可参照结球莴苣的方式进行。定植缓苗后要先蹲苗后促苗。一般是在缓苗后及时浇一次透水，接着连续中耕 2～3 次，再浇一次小水，然后再中耕，直到莴笋的茎开始膨大时结束蹲苗。

在缓苗后结合缓苗水追肥一次，当嫩茎进入旺盛生长期再追肥一次，每次追施硝酸铵 10～15kg。

在嫩茎膨大期可用 500～1 000mg/L 青鲜素进行叶面喷洒一次，在一定程度上能抑制莴笋抽薹。

莴笋成熟时心叶与外叶最高叶一齐，株顶部平展，俗称"平口"。此时嫩茎已长足，品质最好，应及时收获。生长整齐 2～3 次即可收完，用刀贴地割下，顶端留下 4～5 片叶，其他叶片去掉，根部削净上市。

第二节　生　菜

生菜属菊科生菜属，为一年生或二年生草本作物。生菜原产地在欧洲地中海沿岸，过去生菜在中国栽培不多，多在南方种植。随着改革开放，近十多年来在一些大城市及沿海一些开放城市，生菜的种植面积逐渐增多，继而内地的许多城市也引入试种，受到消费者的欢迎。目前生菜已成为我国发展较快的绿叶蔬菜。

一、特征特性

生菜性喜冷凉湿润的气候条件。其根为直根系，侧根少，经育苗移栽后主根折断，可发生很多侧根。根系浅而密集，多分布在20~30cm土层内，为浅根性植物。茎为短缩茎，抽薹时随着生殖生长时间的增长，茎也逐渐伸长和加粗。叶互生于短缩茎上，叶全缘、有锯齿，叶面光滑或微皱缩，莲座叶因种类不同，叶面或平滑或皱缩，叶全缘或有缺刻，叶色因品种不同有深绿、浅绿、黄绿、紫红和淡紫等颜色。按叶片抱合形式划分，主要包括散叶生菜和结球生菜两种类型，结球生菜的顶生叶随不同品种抱合成不同形状的叶球，如圆形、扁圆形、圆锥形、圆筒形。嫩叶或叶球是质地柔嫩、口味鲜美的食用部分。

二、对环境条件的要求

(一) 温度

生菜属耐寒性蔬菜，喜冷凉气候，稍耐霜冻，不耐高温。生长慢，品质也差。在长江以南地区能露地越冬。耐寒力随植株长大而逐渐下降。生菜种子在4℃以上就可以发芽，但发芽时间较长。发芽的最适温度为15~20℃，在此温度下只需3~4d就可以基本出齐，幼苗也健壮。温度达到30℃以上时，种子处于休眠状态，抑制了发芽，因此，高温季节播种生菜时，需要提前将种子进行低温处理，才能提高发芽率。

长大的生菜耐寒力差，在0℃以下时易受冻害。喜昼夜温差大，生长期适温为11~18℃（白天15~20℃，夜间10~15℃）。如果日平均气温超过24℃，夜间超过19℃，则呼吸强度太大，消耗养分太多，营养物质积累少，植株容易徒长，抽薹减产。生菜开花期间适宜温度为 22～28℃，这时如果温度下降到 10～15℃ 以下，虽能开花，但结实率太低。结球生菜在结球期生长适温为 17～18℃。此期对温度要求较严，如果温度上升到 21℃ 以上时，一般不能形成叶球。高温还能引起心叶腐烂坏死，失去食用价值。相对来看，散叶生菜对温度要求不太严格。

（二）光照

生菜是喜阳性作物，日照充足生长才会健壮，叶片肥厚；长期阴雨，遮阳密闭，会影响生菜的发育。生菜是长日照植物，在春夏长日照情况下抽薹开花，生育速度也随温度上升而加快，早熟品种感，中熟品种一般，晚熟品种反应迟钝。生菜种子喜光，在发芽时给予散射光，能促其发芽。播种以后给予适宜温度、水分和氧气，不覆土或浅覆土时，均比覆土较厚的种子提早发芽。

（三）水分

生菜对土壤表层水分状态反应极为敏感，栽培上需不断地供给水分，保持土壤湿润。尤其产品器官形成期更不能使土壤干燥。缺水时，叶球或茎长得小，味苦，水多时，则易发生裂球或裂茎。

（四）土壤和矿质营养

生菜宜在有机质丰富、保水、保肥的黏质壤土或壤土中生长。

生菜喜欢微酸性土壤。适宜土壤 pH 值为 6.0 左右。生菜需肥量较大。在施用有机肥作基肥的基础上，追施速效氮肥，不仅能提高产量，也可增进品质。

三、栽培关键技术

(一) 播前准备

1. 苗畦准备

因生菜种子小, 苗床耕作要求严格, 整地要细, 床土力求细碎、平整。每 $10m^2$

苗床施用充分腐熟细碎的农家肥 10kg、磷酸二铵 0.3kg、磷酸二氢钾 0.3kg。均匀撒施地面, 耕翻 10~12cm, 翻耕掺匀整平后踏实。

2. 种子处理

生菜可干籽播种, 也可浸种催芽。干籽播种时, 播前先用相当于种子干重 0.3% 的 75% 百菌清可湿性粉剂拌种, 拌后立即播种, 切不可隔夜。浸种催芽时, 先用 20℃ 左右的清水浸种 3~4h, 搓洗后将水沥干, 装入湿纱布袋或盆中, 置于 20℃ 环境下催芽, 每天用清水淘洗 1 遍, 沥干后继续催芽, 2~3d 可齐芽。自然条件下温度过高时, 可放在井筒或山洞等处催芽, 温度掌握在 15~20℃。

(二) 播种育苗

1. 播种

播前苗床浇足底水, 趁水未渗完之际, 筛土找平畦面, 水渗后筛撒 0.1~0.2cm 厚的细土, 然后播种。每亩用种量 25~30g。为了培育壮苗, 防止秧苗徒长而形成高脚苗或弱小苗, 播种不宜太密, 一般每平方米苗床撒播 1g 为宜。为了播种均匀, 可将种子掺沙分 2 次撒播, 然后筛土覆盖 0.3~0.5cm。为防止水分散失, 可根据地温情况在畦面撒施稻草、麦秸或覆盖地膜。为防止蚂蚁、蟋蟀等侵食种子, 播后在床面喷洒乐果、敌敌畏等。

2. 苗期管理

一般播种后保持床温 20~25℃，畦面湿润，3~5d 可齐苗。如果温度过高，应适度遮光，创造一个阴冷湿润的环境，以利幼苗健壮生长。幼苗刚出土时，应及时撤除畦面的覆盖物，以防形成胚轴过分伸长的高脚苗。出苗后白天 18~20℃，夜间 8~10℃。出苗后 7~10d，当小苗长有二叶一心时，要及时分苗，苗距 3~5cm。分苗后，须用 500 倍液的磷酸二氢钾溶液喷洒或随水浇灌。苗期还须喷 1~2 次 75% 百菌清可湿性粉剂或 70% 甲基托布津可湿性粉剂 600~800 倍液，防治苗期病害。苗龄 25~35d，长有 4~5 片真叶时即可定植。

（三）定植及田间管理

1. 定植

当小苗具有 5~6 片真叶时即可定植，株行距一般为（25~30）cm×（25~30）cm。定植时要尽量保护幼苗根系，可大大缩短缓苗期，提高成活率。可采取水稳苗的方法，即先在畦内按行距开定植沟，按株距摆苗后浅覆土将苗稳住，在沟中灌水，然后覆土将土坨埋住。这样可避免全面灌水后地温降低给缓苗造成的不利影响。

2. 田间管理

（1）浇水。浇缓苗水后要看土壤墒情和生长情况掌握浇水的次数。一般 5~7d 浇一水。春季气温较低时，水量宜小，浇水间隔的时间长；生长盛期需水量大，要保持土壤湿润；叶球形成后，要控制浇水，防止水分不均造成裂球和烂心；保护地栽培开始结球时，浇水既要保证植株对水分的需要，又不能过量，控制田间湿度，以防病害发生。

（2）中耕。除草定植缓苗后，应进行中耕除草，增强土壤通透性，促进根系发育。

（3）追肥。以底肥为主，底肥足时生长前期可不追肥，至开始结球初期，随水追一次氮素化肥促使叶片生长；15～20d追第二次肥，以氮、磷、钾复合肥较好，每亩用15～20kg；心叶开始向内卷曲时，再追施一次复合肥，每亩用20kg左右。

四、采收、规格和包装

（一）采收

散叶生菜的采收期比较灵活，采收规格无严格要求，可根据市场需要而定。结球生菜的采收要及时，根据不同的品种及不同的栽培季节，一般定植后40～70d，叶球形成，用手轻压有实感即可采收。收获时用小刀自地面割下，剥除外部老叶，除去泥土，保持叶球清洁。

（二）品质规格

1. 品质

以棵体整齐、叶质鲜嫩、无病斑、无虫害、无干叶、不烂者为佳。

2. 规格

（1）皱叶生菜无黄叶、烂叶，单棵重0.5kg以上。

（2）结球生菜不出薹，不破肚，单球重0.3kg以上。

（三）包装

将叶球修整后用0.03～0.05mm的低密聚乙烯薄膜袋单个包装，塑料袋上要打6～8个孔，以利通气，包装好的叶球可放入瓦楞纸箱，视纸箱大小定量装入，放入冷库存放。也可用竹筐或塑料筐包装，包装容器内应装满，但不要过满、过紧，以免造成压伤或碰伤。

第三节 食用菌

辛集市地处冀中平原腹地，属暖温带大陆性季风气候，年平均气温 12.5℃，无霜期 190d，农业气候条件优越，适合各种农、林、果作物生长，即使在粮棉菜主产区，果树种植面积也达到 40 万亩。为了解决农民在产业结构调整中，农、林、果种植业争地争资源的现状，更加科学的整合利用土地和光热资源，基层农业科技人员近两年开展在林下食用菌栽培试验示范，取得了成功。该栽培模式提高了单位面积的经济效益，激发了农民种植积极性，成为当地农民新的经济增长点，为农民增收致富开辟了新路子。

一、种植模式

林下香菇

在生长 3~4 年以上郁闭度在 0.7 的南北向速生杨林地、果园种植，行间搭建简易拱棚，有条件可架设水雾微喷设施，采用菌棒立式培植，栽培期 5—11 月，一次种植，采收 4~5 茬。销售鲜菇。

成本效益方面：每亩林地可放置菌棒 5 000 支，每支菌棒平均产鲜菇 1.25kg，接种后每支菌棒成本为 2.6 元，每亩林地小拱棚材料、遮阳网及架设水设施每年折价 600 元，鲜菇按今年市场批发价 8 元/kg 计算，每亩纯收入可达 3.1 万元。

1. 林下平菇

生产情况：适宜在高密度林地，少见光、利通风，行距在 2.5~3m 最好。行间搭建简易拱棚，有条件可架设水雾微喷设施。采用菌袋培植，菌棒规格一般为 1.25kg 干料重，4—7 月为林间管理、收获期，一次种植，采收 3~4 茬。销售鲜菇。

效益方面：每亩林地可放置菌棒 5 000 支，每个袋菌平均产鲜菇 1.25kg，接种后每支菌棒成本为 3.2 元，每支菌棒人工费 0.2 元，每亩林地小拱棚材料、遮阳网及架设水设施每年折价 600 元，按今年市场批发价 3.6～4 元/kg 计算，每亩纯收入可达 4 900～7 400 元。

2. 林下黑木耳

生产情况：适宜在生长 4 年以下郁闭度较小的林地种植，搭建简易拱棚，有条件可架设水雾微喷设施，采用菌袋培植，菌袋规格一般为 0.75kg 干料重，4—6 月为林间管理、收获期，一次种植，一茬采收。销售干木耳。

二、林下栽培设施安装

栽培设施主要指适合林间食用菌栽培生产的配套供水系统及简易小拱棚设施。微喷系统采用喷雾六件套，每 1.2m² 安装 1 套。林下建简易小拱棚，规格为宽 2m，高 0.8～1.0m，长度以林地为准。材料为竹片、薄膜、铅丝和架杆。平菇、木耳、香菇需立式栽培，棚中拉 7 条铅丝架。

三、林下栽培技术

1. 林下香菇栽培

为发展林下食用菌栽培，辛集市成立食用菌合作社，现在从原料、灭菌、制棒、发菌都由合作社完成，农民社员买成品菌棒可以直接入林进行出菇（耳）管理。

当整个菌袋内 2/3 以上转成棕褐色时，可脱袋排场。菌棒于棚内铅丝上斜靠交错摆放，间距 10cm，间距太近影响出菇形状、品质。

脱袋时可用木棒适当拍打震动加强刺激，有利于籽实体形成，加快出菇。

脱袋后，湿度以 85%～90% 为最好，温度为 21～35℃，适温为 21～23℃，昼夜温差最好在 10℃左右。

一般第 1 潮菇不需注水即可出菇，特殊情况如菌棒失水过多，则必须注水方可出菇。

2. 出菇前期管理

温度 25℃左右，湿度应控制在 90%左右，光线适中，菇蕾长成成品菇只需 3~4d。这种温湿条件下生长的菌肉厚、柄短、色深、质量好。

3. 出菇期管理

温度以不高于 30℃为好，白天基本覆盖，早晚喷水增加湿度，中午喷水降低温度。晚上小对流通风，人工制造较大的温湿度差，空气湿度 90%左右。昼夜温差在 10℃以上，连续 3d，给予散射光照以刺激出菇。

4. 采菇

菌盖直径 6~8 cm，成伞形，菌盖未展平，盖下菌膜开裂为香菇适宜采收期，夏菇长速较快，从菇着到成菇一般 1~2d，气温高时半天完成，为此采收是 1d 采 1 次，盛发期早晚各 1 次，一潮菇采收后停止喷水，延长通风时间，让菌筒休养生息，待采菇部位重新长出白色菌丝时再催蕾。7—8 月高温期间应以养菌为主。

5. 注水管理

夏季注水第 3d 开始出菇，第 6 d 即可采收，采收期 3~5d，所以注水应按出菇和销售要求依此分批安排，等最后一批注完后，使第 1 批注水的正好采收后已养菌 20 d 左右，随即可进行第 2 潮菇的生产。达到产量均衡上市连续的采收要求。注水应采用无污染的地下水，且水温低对菌丝刺激大，对出菇有利。

四、林下木耳栽培

可在 5—6 月入林出耳，采用菌袋地栽，小拱棚内温度控制在 18~25℃，相对湿度 85%~90%，并加强光照，菌丝生长分化，当分化形成幼嫩耳芽时，要有足够的散射光，耳棚保持湿润，并适当通风换气。耳芽出现杯状时，增加每天喷水次数，提高湿度到90%~95%，以充分满足耳芽生长对水分的要求，保证耳片正常发育。因林间空气相对湿度不易人为提高，低于木耳子实体生长发育最适要求，因此需要勤喷补湿。采耳后，停水3~4d，待菌丝恢复生长后，再进行喷水管理，以促进下1潮原基形成，一般可采收3~4潮。

五、林下平菇栽培

平菇低温品种，可以从3月一直种植至11月。3月下旬菌棒入拱棚，培菌温度控制在5~25℃；出菇控制温度为13~18℃，空气相对湿度为85%~90%。采收后清除袋料两端的菇角和老菌丝，这时培养料的含水量应补足到65%左右，空气湿度适宜，一般10d左右出现第2潮蕾菇。平菇出两潮菇后，培养料的营养有些不足，为促进多出菇，可以结合喷水喷施营养液。采收3~4潮菇后，大致在6月底，可以更换耐高温品种菌棒，进行下一轮出菇管理。

食用菌林下栽培实现了"以林养菌，以菌促林"，林果生产为食用菌的生长创造了环境，食用菌的生产反过来对树木的生长产生明显促进作用，实现生态系统的良性循性。辛集市40万亩果园既为发展林下食用菌生产提供了广阔的林下资源，更有每年巨量修剪枝条作为菌棒原料，具备了成熟的科技支撑及合作社经营模式，林下食用菌生产已经成为农民的增收新路。

第四节 其他设施蔬菜病虫害的防治

一、莴苣病毒病

莴苣病毒病是莴苣主要病害之一，主要以为害叶片为主，发生普遍，轻者发病率达 10% 左右，重者达 20% 以上，使产量明显降低。

1. 莴苣病毒病发病特征

莴苣苗期发病，出苗后半个月叶片出现淡绿色或黄白色不规则斑驳或褐色坏死斑点及花叶。成株染病症状与苗期相似，严重时叶片皱缩，叶缘下卷成筒状，植株矮化。采种株染病，新生叶出现花叶或浓淡相间绿色斑驳，叶片皱缩变小，叶脉出现褐色坏死斑，病株生长衰弱，结实率下降。

2. 莴苣病毒病发病规律

毒源来自田间越冬的带毒莴苣、莴笋或种子。播种带毒的种子，其幼苗即成病苗，如将病苗移植到田间，即可形成发病中心，在田间通过蚜虫或汁液接触传染，桃蚜传毒率最高，萝卜蚜、棉蚜、大戟长管蚜也可传毒。该病发生和流行与气温有关，旬均温 18℃ 以上，病害扩展迅速。水肥管理不当，生长纤弱，有利于病害的发生。

3. 莴苣病毒病防治措施

（1）选用抗病品种，种植无病种子。紫叶型莴苣种子的带毒率比绿叶型低。

（2）适期播种，播前、播后及时铲除田间杂草。

（3）发现蚜虫及时防除，减少传毒。

（4）发病初期开始喷施"天达 2116" 1 000 倍液 + "天达裕丰" 1 000 倍液、20% 病毒 A 可湿性粉剂 500 倍液、宁南霉素 1 000 倍液、抗毒剂 1 号水剂 300 倍液、83 增抗剂 100 倍液等，隔 10d 左右 1 次，连续防治 3 ~ 4 次。

二、生菜锈病

主要为害叶片，初在叶面产生许多鲜黄色至橘红色的帽状锈孢子器，叶背对应部位产生隆起的小疱，很多帽状锈孢子器聚集在一起形成 1.5cm 的病斑。表皮破裂后散出黑褐色粉末，即病原菌的冬孢子，致病叶黄枯而死。

病菌在北方以冬孢子在病残体上越冬，南方则以夏孢子在生菜上辗转为害或在活体上越夏或越冬，翌年夏孢子随气流传播进行初侵染和再侵染，夏孢子萌发后从表皮或气孔侵入，气温 16～26℃、多雨高湿易发病，气温低、肥料不足及生长不良发病重。

防治方法：

（1）农业综合防治。施足有机肥，增施磷、钾肥提高寄主抗病力。加强田间管理，栽植密度适当，雨后及时排水，防止湿气滞留。

（2）化学防治。发病初期开始喷洒 50% 甲基硫菌灵·硫黄悬浮剂 800 倍液或 70% 代森锰锌可湿性粉剂 500 倍液或 70% 代森锰锌可湿性粉剂 1 000 倍液加 15% 三唑酮可湿性粉剂 2 000 倍液，隔 10d 左右 1 次，连续防治 2～3 次。上述杀菌剂不能奏效时，可改用速保利、乐必耕、杜邦新星、新万生、抑多威等杀菌剂，采收前 7d 停止用药。

三、生菜白粉病

主要为害叶片。初在叶两面生白色粉状霉斑，扩展后形成浅灰白色粉状霉层平铺在叶面上，条件适宜时，彼此连成一片，致整个叶面布满白色粉状物，似铺上一层薄薄的白粉。该病多从种株下部叶片开始发生，后向上部叶片蔓延，整个叶片呈现白粉，致叶片黄化或枯萎。后期病部长出小黑点，即病原菌闭囊壳。

病菌以闭囊壳在生菜或其他寄主病残体上或以菌丝在棚室内活体生菜属寄主上越冬。翌春 5—6 月，以闭囊壳越冬的放射出子囊孢子；以菌丝在被害株上越冬的产出分生孢子借气流传播，进行初侵染和再侵染，落到叶面上的分生孢子遇适宜条件，孢子发芽产生侵染丝从表皮侵入，在表皮内长出吸胞吸取营养。

叶面上匍匐着的菌丝体在寄主外表皮上不断扩展，产生大量分生孢子进行重复侵染。分生孢子在 10~30℃均可萌发，最适温度 20~25℃。生产上遇有 16~24℃、相对湿度高则易发病，栽植过密、通风不良或氮肥偏多发病重。

发病初期开始喷洒 10%施宝灵胶悬剂 1 000 倍液或 27%铜高尚悬浮剂 600 倍液或 15%粉锈宁可湿性粉剂 800~1 000 倍液、50%苯菌灵可湿性粉剂 1 000 倍液、60%防霉宝超微可湿性粉剂或水溶性粉剂 600 倍液、47%加瑞农可湿性粉剂 800 倍液、30%绿得保悬浮剂 400 倍液、40%福星乳油 7 000 倍液，每亩用对好的药液 50L，隔 10~20d1 次，防治 1~2 次。采收前 7d 停止用药。

四、生菜霜霉病

在生菜幼苗期、成株期均可发病，以成株期受害最为严重，一般主要为害叶片，病叶由植株下部向上蔓延，最初叶上生淡黄色近圆形、多角形病斑，潮湿时，叶背病斑长出白霉即病菌的孢囊梗及孢子囊，有时蔓延到叶片正面，后期病斑枯死变为黄褐色并连接成片，致全叶干枯。

病菌以菌丝在种子或秋冬季生菜、莴笋、菊苣上为害越冬，也可以卵孢子在病残体上越冬。在南方一些温暖地区无明显越冬现象。越冬病菌在翌年春产生孢子囊，通过气流、浇水、农事及昆虫传播。田间孢子囊常间接萌发，产生游动孢子，部分直接萌发产生芽管，从寄主的表皮或气孔侵入。病菌孢子囊萌发适宜温度为 6~10℃，适宜侵染温度为 15~17℃。田间种植过密、定植后浇水过早或过大、田间积水、空气湿度大、夜间结露时间长或春末夏初或秋季连续阴雨天气，病害发生严重。

防治方法：

（1）农业综合防治。采用高畦、高垄或地膜覆盖栽培，实行 2~3 年轮作，播种时应选用抗病性强的良种，播种前应用新高脂膜 800 倍液拌种，播种时应将种子掺入少量细潮土，混匀，再均匀撒播，并覆盖 0.5cm 厚的细土，并喷施新高脂膜保温保墒增肥效促出苗。加强栽培管理，合理密植，适度增加中耕次数，降低田间湿度；防止田间积水，适时浇水追肥；并在生菜生长阶段喷施壮茎灵，可使生菜叶片肥厚、叶色鲜嫩，同时可提升生菜抗灾害能力，减少农药化肥用量，降低残毒，提高生菜天然品味。

（2）生物防治。

①预防方案：将霜贝尔按 500 倍液稀释喷施，7d 用药 1 次，连用 2 ~ 3 次。②治疗方案：将霜贝尔 300 ~ 500 倍液 + 大蒜油 15 ~ 20ml 喷雾，3d 2 次，连喷 2 ~ 3 次（喷药次数视病情而定）。③施药时间：避开高温时间段，最佳施药温度为 20 ~ 30℃。

（3）化学防治。应以预防为主，若发现病株及时拔除并带出田外集中烧毁，同时应根据植保要求喷施 50% 安克可湿性粉剂、72.2% 普力克液剂等针对性药剂进行防治，并配合喷施新高脂膜 800 倍液增强药效，提高药剂有效成分利用率，巩固防治效果。

五、腐病

又称水泡病、湿泡病等。主要损害蘑菇、草菇、平菇等。该病是由一种名叫疣孢霉的病菌引起的。主要特点为：疣孢霉的分生孢子和厚垣孢子只感染子实体，不感染菌丝体。子实体受到轻度感染时，菌柄肿大成泡状畸形，故叫湿泡病。但在子实体发育阶段不同，病症也不同。子实体未分化时被感染。则有一种如硬皮马勃状的不规矩组织块，上面覆盖一层白色绒毛状的菌丝，并逐步变成暗褐色，常从患病组织中渗出暗黑色汁滴。菌盖和菌柄分化后感染，菌柄变成褐色，感染在菌褶上则有二种白色的菌丝生长物。

传播道路：疣孢霉是一种普通的泥土真菌，菇房周围的泥土和破除物是它的病源。因此，疣孢霉病菌主要是经过覆土、空气、操作人员、工具及昆虫、老鼠等携带传染给菌床及菌块的。

防治办法：如果覆土被疣孢污染，可采取巴斯德灭菌法（60℃）解决，也可用4%的甲醛消毒覆土。还可在覆土中喷1:500的多菌灵药液或托布津药液灭菌。开端发病时，应该立刻停滞喷水，加大菇房通风量，往培养架上、墙壁上、地面上喷洒1%～2%甲醛溶液或1:500多菌灵药液灭菌。发病严重时，需要除掉原有的覆土，改换新土；并且销毁病菇，把所有的工具在浓度为4%的甲醛溶液中消毒。

六、枯败病

又称死枯病，是一种生理性病害。主要损害蘑菇、平菇、凤尾菇、灵菇、滑子蘑等。主要特点为：菇蕾形成后，大小不等的子实体都能够发生此病。发病后停滞生长，变黄、逐步萎缩、变软、变干，最后枯死或糜烂。

病因：发生此病是生理上碰壁的结果。主要起因是原基形成后培养料过干，而使菇蕾枯败；或者是出菇过密；营养供给不上，使部分小菇死亡；或者是菇房温度过高，湿度过大，通风情况又不好，短少氧气，使空气中的二氧化碳含量过多所造成的；还有采菇时不慎碰伤了小菇蕾、或者是出菇过量，产生药害而造成的。

防治办法：子实体涌现枯败时，首先要弄清发病起因，采取相应办法。切忌在出菇后的菇房内喷药，否则容易产生药害。特别是平菇和凤尾菇，在出菇期间绝对不能够喷洒敌敌畏。

七、畸形菇病

也是生理性病害。食用菌在形成子实体期间，倘若碰到不良环境和条件，使子实体不能正常发育，便会产生各种各样的畸形。主要特点为：菌盖小而薄、柄细长、早开伞。这种景象平菇和风毛菇多发在头茬菇之后，而香菇则发生在头茬。其主要病因是高温、光线不足、营养缺少等。

长柄菇主要发生在侧耳属的子实体形成期间，子实体呈珊瑚状或菌盖极小，而菌柄根部粗大。其主要起因是光线不足、通气不佳、二氧化碳含量过高、氧气成分太少。子实体倒斜景象的发生，通常都是朝有光的一面倾斜，其起因是子实体在生长进程中的趋旋旋光性，主要是菇房中的光线不均匀造成的。在不同的生长进程中经常涌现的菌丝萎缩，有时甚至死亡的景象，主要是菌种不茁壮，接到新的培养料上不吃料；或者培养料含水量不适宜，过干或过湿；再有料内温渡过高，造成烧菌，或者培养料内通气情况不好，还可能是培养料中的酸碱度不适宜。

其防治办法只有一个，就是在生产进程当中，每一道程序、每一个工艺都必须科学进行，以避免造成这样或那样的不良结果，致使生产失败。

八、猝倒病

属真菌性病害。主要是由镰包霉和菜豆镰霉所引起。主要病症是子实体被侵染后，菌柄髓部萎缩变成褐色，菇体变得矮小不再生长。此病发生早期和健康菇在形状上不易发觉，只是菌盖变暗，菇体不再生长，最后变成僵菇。

传染道路：因为镰包霉可在泥土中长期存活，所以经过泥土传染是主要传染道路，另外经过空气和一些使用用具也能够传染。

防治方法：对覆土进行灭菌是防治此病的主要方法。通常用1：500的多菌灵或托布津药液喷洒，进行消毒。

模块十三　设施蔬菜的经营与管理

第一节　设施蔬菜生产计划制订

设施蔬菜的种植，不论其是生长期长的蔬菜（如茄果类、瓜类蔬菜等），还是生长期短的蔬菜（如叶菜类、芽菜类等），制订科学合理的生产计划，使生产有条不紊地进行，是作为一个生产经营者所必备的，也是保证设施蔬菜高效益的重要条件。

一、市场调研

确定设施蔬菜栽培种类、栽植方式以及种植园的基本生产条件（灌排系统、道路、防护林等）是由种植园规划设计决定的，年度或季节或作物茬口的生产计划，是在种植园规划设计范围内的作业计划和管理计划。但是生产计划随社会发展、自然条件、消费市场和管理条件的变化而变化。市场决定着蔬菜生产企业（经营者）的生产和经营。因此，积极开展市场调研，把握市场需求，是稳定和发展蔬菜商品生产的重要手段，对设施蔬菜的生产与经营有着重要的作用。

市场调研是指运用科学的方法，有目的、有计划地收集、整理和分析有关供求和资源的各种情报、信息和资料，把握供求现状和发展态势，为营销策略制订和企业决策提供正确依据的信息管理活动；是市场调查与市场研究的统称，它是个人或企业根据特定的决策问题而系统地设计、收集、记录、整理、分析及研究市场各类信息资料、报告调研结果的工作过程。蔬菜生产因其季节性和时效性强，以及在保鲜和储运等方面存在的特殊性，对市场调研要求更高。

二、设施蔬菜育苗计划

设施蔬菜育苗技术是设施蔬菜生产的基础和技术关键，设施蔬菜主要在冬季和早春育苗，配套遮阳、风扇、湿帘等降温设施也可在高温季节进行蔬菜育苗和生产。

蔬菜育苗，特别是早春保护地育苗必须根据生产要求、蔬菜的种类、秧苗的用途、育苗条件、壮苗指标和定植环境，制订详细周密的育苗计划，确定适宜的播种期，根据育苗要求提早准备好育苗设施，根据需苗数量确定育苗床面积以及穴盘或营养钵等数量；根据种子千粒重、纯度、发芽率确定播种量；并根据不同蔬菜苗期对营养的要求配好营养土。如果需要，播种前对苗床土提前做好消毒工作，并对育苗器具、育苗设施进行消毒。

三、设施蔬菜栽培计划

制订科学合理的生产计划，使生产有条不紊地进行，是作为一个生产经营者所必备的，也是保证设施蔬菜高效益的重要条件。

1. 种植计划

种植计划主要指一二年生园艺作物或短季节栽培的园艺作物的播种和栽培时间安排。种植计划的主要依据是产品消费市场信息，特别是市场价格变化信息或供求关系信息。依照这些信息，决定某种或多种作物的播种时间、种植面积和所占比例，并由此修订连锁性的一些生产计划。如发现市场积压白菜，售价很低，不能再安排白菜和栽培，可以改白菜为菠菜、菜或其他蔬菜，并相应改变技术措施、生产资料购进等计划。社会发展变化，如某城市要举办大型体育运动会，城市绿化美化和公共设施建设要迅速配合，需要大量的林木、花卉和丰富的蔬菜、瓜果供应，园艺种植应及时改变既定的生产计划，这既是对政府、对社会的支持和响应，也有利于生产经营者获得好的经济回报。

2. 技术管理计划

技术管理，是园艺生产企业或单位对生产过程中的一切技术活动实行计划、组织、指挥、调节和控制等工作的总称。园艺生产上，技术管理的内容包括技术措施项目与程序、技术革新、科研和新技术推广、制订技术规程与标准、产品采收标准与日程安排、生产设备运行与养护、技术管理制度等。这些内容也可以按施肥、灌溉、植株管理、产品器官管理、采收等生产环节做计划。因此，技术管理计划的制订，应依据播种计划，并参照自然条件、资源状况的变化而相应修改。如干旱、雨涝、土壤肥力、重要生产资料的变化，应相应变动技术管理计划。这些年设施园艺发展很快，设施园艺对自然条件、能源保障等的依赖程度很大，这些条件一旦有变动，设施园艺的生产仍按原计划进行，很有可能遇到克服不了的困难。

技术管理计划中，植物保护应当列为很重要的项目和内容。防治病虫害、控制杂草旺长、防止自然灾害的发生和减灾救灾，是园艺生产中一定要投入大量人力、物力的工作。提倡根据多年的经验和中、长期的病虫情、天气预报，早制定切实可行的技术措施，以预防为主，综合治理。目前，我国园艺生产中病虫害防治措施太偏重于化学药剂的防治（特别是治病），在各种防治措施中占到80%～95%。科学的综合防治、生物防治应占到20%～35%，农业防治占30%以上，而化学防治应降低到30%以下。只有年初计划好，预先落实各项准备工作，才不至于临时采用虫来治虫、病来治病的喷洒化学药剂措施。

实现园艺产品的安全、营养也是植物保护的一个重要目标，因此，在生产中要学会合理地、科学地使用高效、低毒农药，并且要严格地执行安全间隔期。

3. 采收及采后管理计划

园艺植物采收产品多种多样，既有果实，也有茎（枝）；既有地上部分，也有地下部分；既有一次性采收，也有分批分次采收；既有定期采收，也有提早或延后采收，不管采收形式怎样，都应当有一定的计划。园艺生产的目标就是进入市场，用产品换取货币，产生经济效益，所以是非常重要的工作，必须计划好。

采收及采后管理计划的主要内容和依据是：①种、品种作物的采收时间、采收量，应按生产单位来落实，依年度播种和移栽计划与技术管理计划而定。②每种、品种作物采后的分级、立即上市或就地储藏计划，按市场需要情况定，但是也应该提早制订计划，并做两种或几种准备，如早春菠菜，上市时间早晚可能相差 20d。产品需储藏的，应有一定的储藏保鲜条件。③采收劳力、物力的安排计划：有些蔬菜、瓜类，特别是其中的某些品种，如果栽培量大，成熟期又比较集中，采收工作量很大，应预先有计划地调度人力、物力，集中突击性做好采收和采后处理。④各种采收必需的物资、运输工具计划：如菜篮、包装用的筐、箱、包、袋、纸袋、纸片、扎捆绳、薄膜袋等；田间运输小车、分级包装场所，甚至包装分级的台秤、计数器等；运输工具，特别是急需上市、远销的产品，必须有落实的车辆运输，甚至定好火车、飞机班次等。

4. 其他生产计划

包括物资供应计划（肥料、农药、水电煤动力保障、车辆等）、劳力及人员管理计划（应包括技术培训、技术考核等）、财务计划（包括各项收支计划、成本核算等）等，这些都是重要的，应当与前面所涉及的计划一样，要制订得全面、详尽和具可操作性。

第二节 设施蔬菜效益核算

一、设施蔬菜成本核算

蔬菜种植不光讲收成，更要核算成本，以求得能够产生大的经济效益。成本是一种资产价值，是商品经济的产物，它是以货币表现的商品生产中活劳动和物化劳动的耗费。

（一）蔬菜生产成本核算的原始记录

主要是用工记录、材料消耗记录、机械作业记录、运输费用记录、管理费用记录、产品产量记录、销售记录等。此外，还需对蔬菜生产中的物质消耗和人工消耗进行必要的定额制度，以便控制生产耗费，如人工、机械等作业定额，种子、化肥、农药、燃料等原材料消耗定额，小农具购置费、修理费、管理费等费用定额。

（二）蔬菜生产中物质费用的核算

（1）种子费。外购种子或调换的良种按实际支出金额计算，自产留用的种子按中等收购价格计算。

（2）肥料费。商品化肥或外购农家肥按购买价加运杂费计价，种植的绿肥按其种子和肥料消耗费计价，自备农家肥按规定的分等级单价和实际施用量计算。

（3）农药费。按照蔬菜生产过程中实际使用量计价。

（4）设施费。设施蔬菜种植使用的大棚、中小拱棚、棚膜、地膜、防虫网、遮阳网等设施，根据实际使用情况计价。对于多年使用的大棚、防虫网、遮阳网等设施要进行折旧，一次性的地膜等可以一次计算。折旧费可按以下公式计算：

折旧费 ＝ （物品的原值 － 物品的残值） × （本种植项目使用年限/折旧年限）

（5）机械作业费。雇请别人操作或租用农机具作业的按所支付的金额计算。如用自备农机具作业的，应按实际支付的油料费、修理费、机器折旧费等费用，折算出每平方米支付金额，再按蔬菜面积计入成本。

（6）排灌作业费。按蔬菜实际排灌的面积、次数和实际收费金额计算。

（7）畜力作业费。使用了牛等进行耕耙，应按实际支出费用计算。

（8）管理费和其他支出。是种植户为组织与管理蔬菜生产而支出的费用，如差旅费、邮电费、调研费、办公用品费等。承包费也应列入管理费核算。其他支出如运输费用、货款利息、包装费用、租金支出、建造栽培设施费用等也要如实入账登记。

物质费用＝种子费＋肥料费＋农药费＋设施费＋机械作业费＋排灌作业费＋畜力作业费＋管理费＋其他支出

（三）蔬菜生产中人工费用的核算

我国的设施蔬菜生产仍是劳动密集型产业，以手工劳动为主，因此，雇用工人费用在蔬菜产品的成本中占有较大比重。人工消耗折算成货币比较复杂，种植户可视实际情况计算雇工人员的工资支出，同时也要把自己的人工消耗计算进去。

（四）蔬菜产品的成本核算

核算成本首先要计算出某种蔬菜的生产总成本，在此基础上计算出该种蔬菜的单位面积成本和单位质量成本。生产某种蔬菜所消耗掉的物质费用加上人工费用，就是某种蔬菜的生产总成本。如果某种蔬菜的副产品（如瓜果皮、茎叶）具有一定的经济价值时，计算蔬菜主产品（如食用器官）的单位质量成本时，要把副产品的价值从生产总成本中扣除。

生产总成本＝物质费用＋人工费用

单位面积成本＝生产总成本/种植面积

单位质量成本＝（生产总成本－副产品的价值）/总产量

为搞好成本核算，蔬菜种植者应在做好生产经营档案的基础上，把种植过程中发生的各项成本详细计入，并养成良好的习惯，为以后设施蔬菜生产管理提供借鉴经验。

二、设施蔬菜收入核算

设施蔬菜栽培主要有春提早栽培、秋延后栽培及越冬栽培、越夏栽培等形式，经济效益显著高于露地生产，设施蔬菜收入主要是指单位时间内种植蔬菜所能够产生的所有经济收入，它与单位时间内所种植的蔬菜作物种类、品种以及茬次有关，同时，设施蔬菜收入也与蔬菜市场供求关系有关。

三、设施蔬菜经济效益核算

设施蔬菜种植要想获得较高经济效益，首先应当了解蔬菜效益的构成因素和各因素之间的相互关系，蔬菜效益构成因素一般由蔬菜产量、市场价格、成本、费用和损耗5个因素构成。各因素之间的关系可以用关系式表示：蔬菜效益 =（蔬菜产量 – 损耗）×蔬菜售价 – 成本 – 费用。总的效益除以种植面积就可以算出单位面积的效益。效益分析的另外一个因素就是产出比，其关系是：投入产出比 = 成本/蔬菜效益，产出比可以反映出设施蔬菜生产的经济效益状况。

1. 种植产量估算

包括市场销售部分、食用部分、留种部分、机械损伤部分4个方面。

2. 产品价格估算

产品价格估算比较容易出现误差。产品价格受到市场供求关系的制约，另外蔬菜商品档次不同，价格也不同。产品价格估算要根据自己生产销售和市场的情况，估算出一个尽量准确的平均价格。

3. 成本的构成和核算

蔬菜种植中的主要成本，包括种子投入、农药肥料投入、土地投入、大棚农膜设施投入、水电投入等物质费用和人工活劳动力的投入。成本核算时要全面考虑，才能比较准确地估算。

4. 费用估算

费用估算是指在蔬菜生产经营活动中发生的一些费用，如信息费、通信费、运输费、包装费、储藏费等均应计入成本。

5. 损耗的估算

损耗的估算主要指蔬菜采收、销售和储藏过程中发生的损耗，不能忽略损耗对效益的影响。

第三节　设施蔬菜营销

一、市场分析

近年来，随着我国蔬菜产业的迅速发展，蔬菜生产不仅满足了国内市场的需求，而且扩大了出口量，已成为农业和农村经济发展的支柱产业，在保障市场供应、增加农民收入、扩大劳动就业、拓展出口贸易等方面发挥了重要作用。

设施蔬菜的发展也非常迅猛，从 20 世纪 90 年代中期以来，我国设施蔬菜面积一直稳居世界第一，目前约占世界的 90%。设施蔬菜尤其是节能日光温室的快速发展，反季节、超时令蔬菜数量充足、品种丰富，蔬菜周年均衡供应水平大大提高。不仅如此，目前淡旺季蔬菜价差比 20 世纪末大幅度下降，18 种主要蔬菜淡旺季平均价差，由 2000 年的每千克 1.69 元下降到 2007 年的 0.86 元。

二、产品决策

（一）产品策略

蔬菜产品主要包括三个层次：①核心产品：指消费者所追

求的来自蔬菜产品的消费利益。②有形产品：指蔬菜产品的实体外观，包括蔬菜产品的形态、质量、特征、品牌和包装等。③附加服务和利益：如蔬菜产品买方信贷、免费送货、质量与信用保证等。在蔬采产品营销策略方面，主要体现在以下几方面。

1. 蔬菜产品组合与品牌策略

蔬菜产品组合指蔬菜产品的各种花色品种的集合。蔬菜产品组合决策受到资源条件、蔬菜产品市场需求以及竞争程度的限制。一般而农户受资金与技术限制，适宜专业化生产，这种专业化往往与蔬菜产品基地建设和地区专业化相一致。蔬菜产品品牌策略包括以下几个方面：①品牌化策略：即是否使用品牌。蔬菜产品可以根据有关权威部门制定的统一标准划分质量等级，分级定价，同一等级的蔬菜可视作同质产品。②品牌负责人决策：农业生产者可以拥有自己的品牌，也可使用中间商的品牌，也可两者兼用。在品牌决策与管理过程中，一是要有一个好的品牌名称和醒目易识的品牌标志，二是要提高商标意识，提高品牌质量，注重品牌保护。③加强品牌推广和扩展：树立品牌形象，提高品牌知名度和品牌认知度。

2. 蔬菜产品包装策略

蔬菜产品包装可分为运输包装和销售包装，前者便于装卸和运输，后者便于消费。包装材料、技术、方法视不同蔬菜产品而定。蔬菜产品销售包装在实用基础上还要注意造型与装饰，可以突出企业形象，也可以突出蔬菜产品本身，展示蔬菜产品的功用与优势，也可赋予农产品包装文化内涵等。

3. 蔬菜产品开发策略

主要是对原有蔬菜产品的改良、换代以及创新，旨在满足市场需求变化，提高蔬菜产品竞争力。①创新蔬菜产品：指新物品发现后成功市场化的蔬菜产品。②改良蔬菜产品：是对原有蔬菜产品的改进和换代。通过育种等手段可改变农作物性状，进而改变蔬菜产品品质。③仿制蔬菜产品：主要是引种、引进利用他人创新或改良的蔬菜产品。

（二）价格策略

蔬菜产品目标市场和市场定位决定蔬菜产品价格的高低，面对高收入人群的高档蔬菜产品价格就高些；若蔬菜产品经营组织追求较高利润，价格也会高些；若为了提高蔬菜产品市场份额和生存竞争，蔬菜产品价格会低些。选定最后价格时，还应考虑到声望心理因素、价格折扣策略、市场反应、政府的蔬菜产品价格政策。随着蔬菜产品市场变化，蔬菜产品价格还应适时调整。蔬菜产品生产过剩或市场份额下降应当削价，超额需求和发生通货膨胀时应适当提价。

（三）分销策略

蔬菜产品分销渠道指把蔬菜产品从生产者流转到消费者所经过的环节，蔬菜产品可由生产商直接销售给消费者，即直接营销渠道，或经农业销售专业组织和中间商的间接营销渠道。蔬菜产品不易保存，应尽可能直销。农产品分销渠道可以选择密集分销策略、选择分销策略或独家分销策略。在渠道的选择上，不仅可以走专业、专营的道路，还可以与相关渠道进行合作与互补。

（四）全面质量管理策略

随着"无公害食品行动计划"的深入开展，现在食用无公害蔬菜已成为一种新的消费潮流。人们将更加注重生活保健，吃营养、食保健、回归自然、返璞归真是人类发展的必然。未来的几年内，谁能搞好安全无公害蔬菜营销，谁就能在激烈的市场竞争中占据主动。

（1）优质、新鲜。人们冬季吃青菜、淡季吃鲜菜早已不是什么新鲜事。因此，像白菜、萝卜等抗高温型反季节优质蔬菜，韭菜、黄瓜等多季型优质蔬菜品种的发展，不仅丰富了人们的菜篮子，还使农民尝到了高产、高效、热销的甜头。

（2）具有观赏价值。随着人们消费观念的逐渐变化，人们对果蔬越来越挑剔，不仅要好吃，还要美观。

（五）产品包装标准化

通过包装增值，提高蔬菜产品的包装可以增强市场竞争力。

总之，蔬菜产品营销需要在产品、渠道、价格、发展战略等方面创新，塑造差异，将蔬菜产品与服务有机结合起来，实现全面质量管理，提升蔬菜产品的附加值。

三、价格制定

公道的价格有时可以决定一件商品销售的好与坏，严重时可能影响商品整个销售业绩。如何把商品的价格制定得更加公道，在保持利润额的情况下，尽可能接近和满足顾客对商品的价格需求，已成为商家越来越重视的问题。影响价格最终形成的因素有很多，除了产品成本、竞争品分析、目标消费者分析以及需求确定等因素以外，还要考虑营销战略、企业目标、政府影响和品牌溢价能力等因素。因此，在确立新品价格的决策过程中，定价应依循以下几个基本步骤。

（一）选择定价目标

价格的确定必须和公司的营销战略相一致，不同时期的营销战略不同，其价格的制定也不相同。一般来说，与新品上市相关的定价目标大致有以下几种。

1. 追求利润最大化

新品是否处于绝对的优势，上市后在激烈的竞争中能否处在有利地位，如果能满足上述条件，那么就可以将追求利润最大化作为定价目标，将价格尽量定得高一些，实现公司以最快的速度收回投资的愿望。但在追求利润最大化的过程中，极有可能会因为品牌溢价能力的限制，导致产品销量增长缓慢。

2. 提高市场占有率

如果推出的新品，主要是为了提高市场占有率，那么采用极富竞争力的价格打入市场，逐步占领并控制市场的方法显得非常重要。高市场占有率为提高盈利率提供了可靠保证。但在此之前，公司应结合市场竞争状况，确定有利可图的销售目标。

3. 适应价格竞争

在激烈的市场竞争环境中，若市场的领导品牌不断发起价格战，应注意尽可能将新品避开价格战的影响，如不能避开，则应推行适应价格竞争的定价目标，以防止新产品上市之后，就一败涂地。

4. 稳定价格

若产品本身并没有非常突出的特点和优势，公司也无意挑起"价格战"，适宜采用中庸的定价目标，稳定价格。

(二) 确定需求

一般来说，价格越低，需求越大；价格越高，需求越低。用来估计消费者需求的方法有很多种，通常我们会用以下两种。

1. 了解不同顾客对价格作出的不同反应

顾客通常会通过比较产品的不同价格以及产品可感知的使用价值或利益来判断自己所支付出的费用。换句话说，就是他花这个钱值不值得。最理想的情况是顾客对产品的感知价值超过他支付的购买费用，但这种情况基本不会出现。在定价决策过程当中，能收取的最高价格一般情况下是顾客能够感知到的价值，而我们所说的最低价格则是产品的可变成本。

2. 模拟销售

在新品上市前的一段时间里，将新品投放到不同城市或者是不同销售渠道进行展销或试销，通过实验调查，分析各地区的消费差异，快速了解消费者对价格水平的不同反应。

一般情况下，影响需求的因素还包括消费者对价格的敏感度和价格弹性等因素，如投放市场的该产品是不是具有独特的价值效应、有没有可以替代的产品、品牌的溢价能力如何、总开支效应是否良好等。当需求变化非常大时，则该需求弹性也相当大，价格就要适当降低。

（三）估计成本

需求在很大程度上决定了产品的价格，同时也包括确定最高价格的限度，而成本则是价格的底线。因此，要制定价格，首先必须考虑产品的所有生产、分销和推销成本，其次还要考虑公司所作努力和承担风险的一个公平的报酬。所以我们说在定价时估计成本是很有必要的。

成本包括两种形式，即固定成本和可变成本。估算成本的方法也有两种：一种是直接在现有成本的基础上加上公司的目标利润额，简单实用，但这种估算成本的方法忽略了市场的实际需求；另一种是目标成本法，即设法了解顾客愿意为产品支付什么价格，在确保目标利润的前提下，然后逆向确定产品生产成本，接下来通过竞争品分解或与供应商合作，来确定实际目标成本。这种方法虽然比较复杂一些，但它对市场需要的考虑非常充分，对于新产品的推广非常有利。

（四）分析竞争者的成本、价格和历史价格行为

分析竞争者的成本、价格和历史的定价行为，有助于准确制定新品价格。但在分析竞争者时需要注意，作为参照点，它对顾客也愿意支付相同的价格这一点不能确定。对于竞争对手的实际成本，越接近于真实的了解，就越有利于制定新品的价格。估计成本的方法也有很多种，常用的是利用逆向工程法，对竞争者的产品进行分解，即将它们拆开，仔细研究各个部件和包装的成本，由此来迅速掌握竞争者实际的生产成本。

调查竞争者产品的历史价格这种行为，对于了解竞争对手

的经营目标非常有帮助。显然，如果某品牌的产品并没有过度、频繁地降低价格，那么这说明他的经营目标表面上看是利润导向的。此外，调查竞争者产品的历史价格这种行为，还可以帮助决策者预计性估测竞争对手下一步可能要采取的价格调整行为或反应。

（五）选择定价方法

定价方法是实现定价这一目标所采用的具体方法。各种定价方法可归纳为三类，包括成本导向、需求导向和竞争导向。

1. 成本导向定价法

该方法以产品成本为定价的基础依据，主要包括加成定价法、损益平衡定价法和目标贡献定价法等。其中以加成定价法最为常用，成本定价法在使用过程中比较容易忽视市场需求的影响，难以适应市场竞争的变化。

2. 竞争导向定价法

该方法以市场上相互竞争的同类产品价格作为定价的基本依据，随同类产品价格的变化对价格进行上下调整。主要包括通行价格定价法和主动竞争定价法等。通行价格定价法是较为常用的一种，它主要是通过与竞争者和平相处，避免激烈竞争产生风险。此外，通告价格带来的结果是价格水平相对比较平均，消费者比较容易接受，对于企业来说也有盈利收入。

3. 需求导向定价法

该方法是以消费者的需求情况和价格承受能力作为定价的基本依据，目前，此方法开始受到企业的重视。主要有理解价值定价法和需求差异定价法。理解价值定价法，主要是根据消费者对商品价值的感受及理解程度来制定商品的定价。消费者在与同类商品进行比较时，通常情况下都会选择既能满足消费需要又符合其支付能力的商品。因此，若价格刚好定在这一限度内，会促成消费者购买产品。理解价值定价法的关键是市场定位，突出产品与其他同类产品相比所具备的特征，使消费者感到购买这些产品能获得相对较多的利益。

定价也要讲求策略，定价策略一般分为高价、中价、低价三种。由于市场环境不同，定价对象不同以及实施方法的差异，又可细分为多种策略。采取与实际情况相对应的定价策略，对实现卖场的经营目标非常重要。采用何种定价策略，必须要考虑多种因素，其中最重要的因素是商品必须要有需求弹性，另外，卖场自身的经营状况和竞争对手的状况等因素也比较重要。

四、促销

销售对路的产品是设施蔬菜营销企业扩大销售的前提，合适的定价方式是设施蔬菜营销企业扩大销售的基本条件，合理的促销则是设施蔬菜企业扩大销售的必要手段。

（一）人员销售

人员销售是为了达成交易，通过用口头介绍的方式，向一个或多个潜在顾客进行面对面的营销通报。这是一种传统的推销方式，人员销售与其他促销方式相比优点十分显著，所以至今仍是营销企业广泛采用的一种促销方式。

人员销售有以下优势：①灵活、针对性强：销售人员直接与顾客接触，针对各类顾客的特殊需要，设计具体的推销策略并随时加以调整，及时发现和开拓顾客的潜在需求。对顾客提出的问题要及时解答，消除顾客的顾虑，促成其购买行为。②感召顾客、说服力强：满足顾客需要，为顾客服务是实现产品销售的关键环节。销售人员直接与顾客接触，通过察言观色的方法准确了解顾客心理，从顾客根本利益出发，为顾客解决困难，提供优质服务，从而与顾客之间建立起一定的感情，使顾客产生信任感，最终促成销售。③过程完整，竞争力强：人员销售是从选择目标市场开始，通过对顾客需求的了解，当面介绍产品的特点，如蔬菜可品尝，可观、闻；也可通过提供各种服务，说服顾客购买，最后促成交易。随着过程的终结，也就实现了销售行为。人员销售的这一特点是任何促销方式所不具备的。

（二）广告促销

1. 广告的概念

广告是指商品经营者或者服务提供者，通过一定媒介直接或间接地介绍自己所推销的商品或所提供的服务或观念，属非人员促销方式。

2. 广告促销的特点

（1）信息性。通过广告可以使消费者了解某类产品的信息。消费者在没有购买之前对产品有了一定的了解，这样对缩短打开市场的时间非常有利。

（2）说服性。广告是人员推销的补充，人员在进行推销时如果先有广告做基础，可加快顾客购买速度，坚定顾客购买的决心。随着时间的流逝，顾客可能对企业及企业产品渐渐淡忘，广告还可以起到刺激顾客记忆的目的，说服其购买。

（3）广告信息传播的群体性。广告不是针对某一个人或某一个企业而设计，而是针对某一个受众群体设计的。同时，由于广告是利用某种媒介发布，所以广告的接受者一定是群体而不是个体。

（4）效果显著性。随着人们生活水平的提高，尤其是电视机的普及，人们接触宣传媒体的机会增多，速度加快，一则好的广告会迅速被消费者熟悉并传播开来。

3. 广告宣传的原则

（1）真实性原则。我国广告法对广告活动提出了应当真实合法、符合社会主义精神文明建设的要求，并特别提出，广告不得含有欺骗和误导消费者的内容。广告的生命在于真实，进行广告宣传时必须真实地向消费者介绍产品，不可夸大其词误导消费者。例如，某些蔬菜或水果具有一定的食疗价值，但在广告中一定不能说成是具有治疗作用。

（2）效益性原则。设计、制作、发布广告之前必须要做好市场调查，有些广告媒介费用很高，要根据宣传的目标、规模、任务、市场通盘考虑，从实际出发，节约成本，以最少的广告费用，取得最大的效益。

（3）艺术性原则。广告内容往往通过艺术形式表现出来，无论是电视广告、印刷广告、广播广告或其他广告，都分别通过美的语言、美的画面、美的环境将广告意念全方位地烘托出来。要处理好真实性和艺术性的关系，艺术形式不得违背真实性原则，要运用新的科学技术，精心设计广告，要给人以美感。

（三）公共关系促销

公共关系促销是通过大众媒体，以新闻报道形式来发布所要推广的园艺产品的信息，或以参加公益活动的形式间接展示企业及企业产品的促销方式，是一种非人员促销。公共关系促销具有对公众影响的广泛性和促销成效的连带性。由于新闻报道的客观性，购买者会对被报道的企业及产品有特别的信任感并产生购买积极性。公共关系促销主要是从正面宣传，不仅宣传了产品，而且提高了企业形象及产品地域的知名度。但是公共关系促销要特别遵循真实性原则，公关的基本前提，要以事实为基础，据实、客观、公正地提供信息。

公关活动的形式可以多样：①开展公益性活动：可通过赞助和支持体育、文化教育、社会福利等公益活动树立企业形象。②组织专题公关活动：园艺企业可通过组织或举办新闻发布会、展览会、庆典、联谊会、开放参观等专题活动介绍企业情况，推销商品，沟通感情。例如，某一公司开业或举办庆典活动时，园艺产品营销者可利用自己产品的优势免费承担布置装点会场的任务。

（四）营业推广

营业推广是企业为了刺激中间商或消费者购买园艺产品，利用某些活动或采用特殊手段进行非营业性的经营行为。根据营业推广的对象不同，可分为面向中间商的营业推广和面向消费者的推广两种。

1. 营业推广的几种具体形式

（1）折价、差价销售。折价是根据购买数量、购买时间、是否现金结算、运费承担、责任等在商品原价格基础上打一个折扣，这和残次商品的削价处理不同。例如，蔬菜上午因为货品新鲜按正常定价销售，晚上由于损失一部分水分而使感观质量下降，这种情况下，可在原价格基础上适当打折销售。再如，中间商往往是大宗购买，可以按批量实行批量差价，这样做一方面可以鼓励中间商多进货，另一方面也可以稳定老客户，同时发展新客户。季节差价也是常用的差价依据。

（2）附赠品销售。是指以较低的代价或向购买者免费提供某一物品，以刺激购买者购买某一特定产品的销售行为。例如，某一消费者购买蔬菜种子，附赠一定数量的肥料，或附赠另外一种商品。

（3）其他形式。如召开产品推介会，举办园艺产品专门的活动节、推介会等。请购买者自采自摘也是目前兴起的一种新的营业推广形式。某些大型的无公害果蔬生产基地通过邀请中间商或目标市场消费者到生产基地、加工厂地参观，从而提高其产品的声誉和知名度，以此达到宣传产品、推广企业产品的目的。

2. 营业推广的特点

（1）刺激购买见效快。由于营业推广是通过特殊活动提供给顾客一个特殊的购买机会，使购买者感觉到这是购买产品的绝好时机，此时顾客的购买决策最为果断，因此促销见效快。

（2）营业推广的应用范围有一定局限性。营业推广只适用于一定时期、一定产品，因而推广的形式要慎重选择。不同的园艺产品要选用不同的营业推广方式。选择不当的方式不但起不到促销作用，还会给购买者造成误会，从而导致对本企业及企业产品的负面影响。

主要参考文献

［1］陈劲枫，李季. 设施蔬菜高产高效关键技术 ［M］.
北京：中国农业出版社，2015.

［2］隋好林，王淑芬. 设施蔬菜栽培水肥一体化技术
［M］. 北京：金盾出版社，2015.

［3］苏鹤，赵建波. 蔬菜设施建造与配套栽培技术 ［M］.
郑州：中原农民出版社，2014.